含章 ⅱ♥
新实用

阅读图文之美 / 优享健康生活

恐龙轻图鉴

赵文斌　主编
含章新实用编辑部　编著

江苏凤凰科学技术出版社·南京

图书在版编目（CIP）数据

恐龙轻图鉴 / 赵文斌主编；含章新实用编辑部编著
. -- 南京：江苏凤凰科学技术出版社，2023.6
ISBN 978-7-5713-3461-1

Ⅰ.①恐… Ⅱ.①赵… ②含… Ⅲ.①恐龙 - 图集
Ⅳ.①Q915.864-64

中国版本图书馆CIP数据核字（2023）第034224号

恐龙轻图鉴

主　　　编	赵文斌	
编　　　著	含章新实用编辑部	
责 任 编 辑	陈　艺	
责 任 校 对	仲　敏	
责 任 监 制	方　晨	

出 版 发 行	江苏凤凰科学技术出版社
出版社地址	南京市湖南路 1 号A楼，邮编：210009
出版社网址	http://www.pspress.cn
印　　　刷	天津丰富彩艺印刷有限公司

开　　　本	718 mm × 1 000 mm　1/16
印　　　张	12.5
插　　　页	1
字　　　数	360 000
版　　　次	2023年6月第1版
印　　　次	2023年6月第1次印刷

标 准 书 号	ISBN 978-7-5713-3461-1
定　　　价	52.00元

PREFACE

　　恐龙是地球早期的主宰者，拥有庞大的身体，出现在距今约 2.25 亿年的三叠纪晚期，灭亡于距今约 6 600 万年的白垩纪晚期发生的生物大灭绝事件。在这期间，恐龙支配、统治地球生态系统的时间约为 1.6 亿年。恐龙生活的年代距离我们非常遥远，我们无法直接了解恐龙这一神秘的物种，现代人对恐龙的研究主要是通过恐龙化石。200 多年前，一位英国乡村医生发现了第一块恐龙骨骼化石。如今，随着现代科技水平的提高，越来越多的恐龙化石被发掘。恐龙化石分为骨骼化石和生痕化石，主要保存在中生代时期形成的沉积岩中。

　　为了让读者进一步认识恐龙，我们编写了《恐龙轻图鉴》一书。目前，世界上已经被描述过的恐龙有 800 多种，其中比较有名的恐龙有霸王龙、始盗龙、埃雷拉龙等。《恐龙轻图鉴》中所选的恐龙均是目前已被命名的恐龙，每种恐龙的标题统一使用中文学名，并配有拉丁学名及其科属，方便读者认识、查找。本书详细介绍了每种恐龙的生存年代、外形特征、生活习性、化石分布、命名者、体长、体重、食性等方面的内容，还为每种恐龙配有高清晰度的彩色图片，全方位展示恐龙各部位的特征，方便读者辨认。

　　《恐龙轻图鉴》是一本恐龙爱好者辨识、了解恐龙必不可少的工具书。在本书的编写过程中，我们得到了多位专家的鼎力支持与帮助。他们对本书的编写提出了宝贵意见，在此表示由衷感谢。由于编者水平有限，各界对恐龙的研究也仍在不断完善中，书中难免存在一些不足，恳请广大读者批评指正。

目 录　C O N T E N T S

第一章：蜥臀目恐龙

异特龙

角鼻龙

1

棘龙

伶盗龙

第二章：鸟臀目恐龙

戟龙

梁龙

3

恐龙起源的传说

恐龙最早出现在距今约 2.25 亿年的三叠纪晚期，灭亡于距今约 6 600 万年的白垩纪晚期。

现代人对恐龙的研究主要通过恐龙化石。恐龙化石分为骨骼化石和生痕化石，主要保存在中生代时期形成的沉积岩中。

在很早之前，欧洲人已经知道了在地下埋藏着很多形状奇异的大型动物骨骼化石，但是也仅仅限于知道它们的存在，而并不了解这些巨大遗骸的具体归属。

据推测，在我国晋朝时期，已在四川武胜县发现有恐龙化石，然而受当时自然知识等方面的限制，当时的人们将其误认为是"龙骨"。

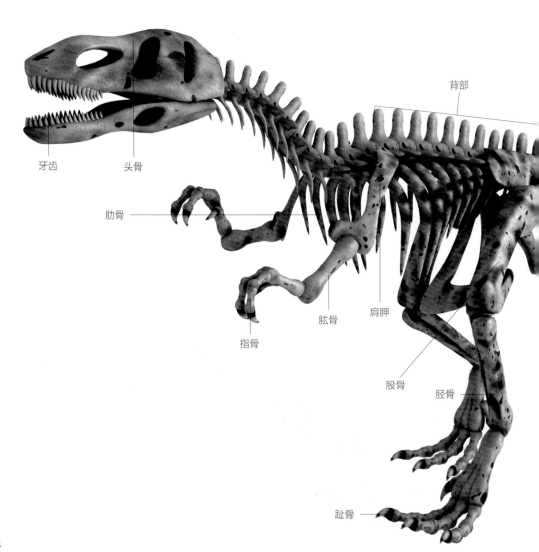

牙齿　头骨　背部　肋骨　肱骨　肩胛　指骨　股骨　胫骨　趾骨

● 恐龙化石

目前，人们对恐龙的研究和认知大多来源于它们的骨骼和牙齿化石。科学史上最早有明确记载的恐龙是禽龙，说起它的来源，有这样一个典故：

1822年，在英国南部的苏塞克斯郡，有一位名字叫作曼特尔的医生，他在工作之余热衷于收集各种化石。时间长了，在他潜移默化的影响下，他的妻子也成了一位热爱收集化石的人。有一天，曼特尔夫人外出给曼特尔医生送衣物，在正在修建的公路旁断开的岩层中偶然发现了一些奇形怪状的大型动物牙齿化石，于是她就把这些化石带回了家。曼特尔医生坚持不懈地考证和研究，后来接触到一位研究鬣蜥动物的博物学家，经过对比研究，认为这些化石是一种与鬣蜥同类型的已灭绝的远古时代的爬行动物，并将这些化石命名为 *Iguanodon*，翻译成中文就是"禽龙"。

之后，越来越多种类的恐龙化石被发现，通过科技复原，人们对恐龙的形态和生活习性有了更多的了解。

雷巴齐斯龙头骨

尾椎

霸王龙头骨

● 恐龙的头骨

头骨是辨认恐龙品种的一个重要标识，不同世纪、不同种类恐龙的头骨各异，保存较完整的头骨化石，对于恐龙的形态研究具有重要的科学价值。

迅猛龙头骨

恐龙的分类

经过对已发现恐龙化石的研究，根据臀部腰带结构的不同，恐龙被分为蜥臀目和鸟臀目两大类。按照更加细致的分类，恐龙分 2 目 7 亚目 57 科 350 余属 800 多种。

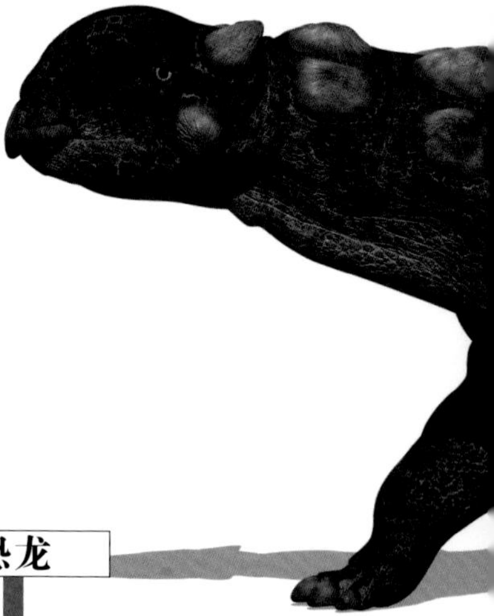

恐龙

蜥臀目

特点: 它们的腰带从侧面看是三射型，耻骨在肠骨下方向前延伸，坐骨向后延伸。

兽脚亚目

蜥脚亚目

霸王龙　　　始盗龙　　　巨兽龙　　　迷惑龙　　　马门溪龙　　　梁龙

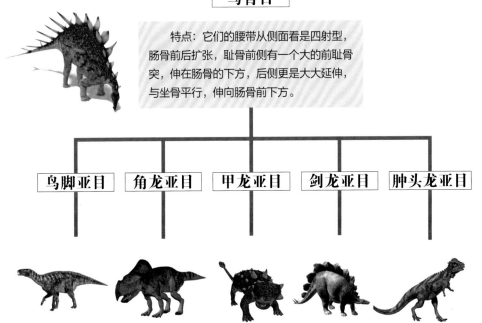

鸟臀目

特点：它们的腰带从侧面看是四射型，肠骨前后扩张，耻骨前侧有一个大的前耻骨突，伸在肠骨的下方，后侧更是大大延伸，与坐骨平行，伸向肠骨前下方。

| 鸟脚亚目 | 角龙亚目 | 甲龙亚目 | 剑龙亚目 | 肿头龙亚目 |

| 禽龙 | 原角龙 | 包头龙 | 剑龙 | 肿头龙 |

恐龙的进化

恐龙是怎样进化而来的？这是科学家们一直在寻找和搜索答案的一个问题。一种观点认为，恐龙及现代爬行动物的共同祖先，是像蜥蜴一样的小型动物，名叫"杨氏鳄"，约30厘米长，走起路来摇摇晃晃，靠捕食虫子为生。它们的后代进化为两类：一类是继续吃虫子的真正的蜥蜴；另一类是半水生的早期类型的初龙。恐龙、鳄鱼都是在三叠纪时期从初龙进化而来的。

● 初龙

早期类型的初龙与恐龙有较为可靠的亲缘关系，最早出现于二叠纪晚期，背部有骨质鳞甲。到了三叠纪时期，真正的鳄鱼才出现，并且进一步进化成为生活在陆地上的各种初龙，典型的代表就是植龙。植龙的外貌与鳄鱼极像，且与鳄鱼一样是肉食性动物，不过植龙的后代也有进化成植食性的，但无论是肉食性的还是植食性的都拖着一条粗大而有力的尾巴，能在水中起到"推波助澜"的作用。为了提高划水速度，它们前肢的部分功能移到了后腿上，因此前肢短小，后腿粗大有力，从而使其在水中穿梭自如。后来因为天气越来越干旱，水中的恐龙迫不得已来到岸上，但因为前肢短、后腿长的缘故，在岸上走起路来并不方便，有些初龙便改为用后腿走路，即直立行走。为了保证前后平衡，长而粗大的尾巴起到了重要的作用，这也是恐龙进化的关键一步。

也有一种说法认为，恐龙的祖先是一种小型的初龙，名叫"派克鳄"，体长60~100厘米，由更早的半水生动物进化而来。它们拖着一条笨重的尾巴，长着一双比前腿稍微长一些的后腿，看起来似用两条腿走路，但实际上它们还是用四肢行走，偶尔才用两条后腿奔跑。当遇到危险时，派克鳄会很快跑开，由于它们自身也是一种肉食性恐龙，那双后腿能帮助它们在追捕猎物时移动得更快，久而久之，派克鳄进化成了恐龙。

● 蜥臀目

蜥臀目恐龙首次出现于陆地时，是一群小型、原始的物种，它们首次出现于卡尼阶中期或晚期（三叠纪晚期第一个时期）。它们被发现于巴西、马达加斯加以及摩洛哥。蜥臀目包括兽脚类、原蜥脚类和蜥脚类等几大类恐龙，其中的成员个体差别很大，生活习性各不相同。有的只有鸡一般大小，有的长达三四十米、高十多米、重几十吨到上百吨。食性上，有凶猛的肉食者，也有温和的植食者，还有肉类和植物兼食的杂食者，它们大都生活在陆地上。蜥臀目恐龙的腰带从侧面看是三射型，耻骨在肠骨下方向前延伸，坐骨则向后伸，这样的结构与蜥蜴类相似。

犹他盗龙

剑角龙

● 鸟臀目

蜥臀目恐龙中最早出现的是兽脚亚目恐龙，包括角鼻龙下目、肉食龙下目、恐爪龙下目、似鸟龙下目、偷蛋龙下目等，生活在三叠纪晚期至白垩纪。它们一般为肉食性恐龙，两足行走，趾端长有锐利的爪子，嘴里长着匕首或小刀一样的利齿。暴龙类是著名代表。

蜥脚亚目恐龙生活在三叠纪晚期至白垩纪，其中原蜥脚类主要生活在三叠纪晚期到侏罗纪早期，是一类杂食性或植食性的中型恐龙；蜥脚类主要生活在侏罗纪到白垩纪，大多数都是巨型的植食性恐龙，头小，脖子长，尾巴长，牙齿呈小匙状。蜥脚亚目的著名代表是产于中国四川、甘肃的侏罗纪晚期的马门溪龙，其由 19 节颈椎组成的脖子，长度约等于体长的一半。

鸟臀目恐龙比蜥臀目恐龙出现得晚，它们之间的关系至今仍是个未解之谜。所有的鸟臀目恐龙都是植食性恐龙，且除一些早期类群外，都是四足行走的。鸟臀目恐龙性情温和，不具进攻性，因而往往成为肉食性恐龙的果腹之物。在长期的进化过程中，鸟臀目恐龙逐渐发育出多种多样的防御结构，如各种爪子、角、甲胄等防身武器。鸟臀目恐龙种类繁多，形态多样，其中不少是恐龙家族中的古怪成员。它们的腰带、肠骨前后都大大扩张，耻骨则有一个大的前突起，伸在肠骨的下方，因此，骨盆从侧面看是四射型，四个突出部分由肠骨的前部、后部，耻骨前支（也称前突或前耻骨）和紧挤在一起的坐骨、耻骨体及耻骨后支构成。

恐龙生活的年代

恐龙生活在中生代时期，中生代的时间跨度大约为 1.8 亿年。按照时间顺序，中生代可以分为三个阶段：三叠纪、侏罗纪和白垩纪。

● 三叠纪

三叠纪位于二叠纪和侏罗纪之间，也就是 2.5 亿至 2 亿年前。经过二叠纪晚期的物种大灭绝之后，地球的生态系统历经许久才恢复正常的状态。三叠纪中期，地球陆地状况出现变化，赤道地带出现了大面积的陆地，暴雨和干旱相继支配着陆地的环境系统，气候总体上来说趋于温暖。

爬行动物在三叠纪崛起，主要由槽齿类、恐龙类、似哺乳的爬行类组成。典型的早期槽齿类表现出许多原始的特点，且仅限于三叠纪，其总体结构是后来主要的爬行动物以至于鸟类的祖先模式。恐龙类最早出现于三叠纪晚期，有两个主要类型：较古老的蜥臀类和较进化的鸟臀类，例如埃雷拉龙、始盗龙、南十字龙、板龙等。早期的恐龙是二足动物，体形较小，属肉食性动物。海生爬行类在三叠纪首次出现，因需要适应水中生活，其身体呈流线型，四肢也变成桨形的鳍，似哺乳爬行动物，亦称兽孔类，其四肢向腹面移动，因此更适于陆地行走。

埃雷拉龙

哥斯拉龙

● 侏罗纪

侏罗纪介于三叠纪和白垩纪之间，在 2 亿至 1.45 亿年前，侏罗纪是中生代的第二个纪，开始于三叠纪——侏罗纪灭绝事件。虽然这段时间的岩石标志非常明显和清晰，其开始和结束的准确时间却如同其他古远的地质时代，无法非常精确地被确定。侏罗纪时期地球气候湿润，有利于生物繁殖，因此这个时期也是恐龙的鼎盛时期，在三叠纪出现并开始发展的恐龙已迅速成为地球的统治者。各类恐龙欢聚一堂，构成一个千姿百态的恐龙的世界。当时除了陆地上的身体巨大的迷惑龙、梁龙、腕龙等，水中的鱼龙和能飞行的翼龙等也大量发展和进化。

● 白垩纪

白垩纪是中生代的最后纪，始于 1.45 亿年前，结束于 6 600 万年前。这段时期，陆地被海洋分开，地球变得温暖、干旱。许多新的恐龙种类开始出现，但剑龙类恐龙及单爪龙急剧减少，兽脚类恐龙、蜥脚类恐龙、鸟脚类恐龙、角龙类恐龙在这一时期比较繁盛。恐龙仍然统治着陆地，翼龙在天空中滑翔，巨大的海生爬行动物统治着浅海。最早的蛇类、蛾、蜜蜂，以及许多新的小型哺乳动物在这一时期也出现了。

迷惑龙

三角龙

单爪龙

腕龙

恐龙存在的证据

在生物死后，如果身体里的坚硬物质（如骨骼、牙齿等部位）能够保存下来，并被某种能阻碍分解的物质迅速埋藏起来，就有可能形成生物化石。例如海生动物死亡后沉在海底，被软泥覆盖，软泥在后来的地质时代中则变成页岩或石灰岩。较细粒的沉积物不易损坏生物的遗体，在德国侏罗纪时期的某些细粒沉积岩中，就很好地保存了一些诸如鸟、昆虫、水母等这类脆弱的生物的化石。

对恐龙的研究主要是通过恐龙化石来进行的。恐龙化石分为骨骼化石和生痕化石，主要保存在中生代时期形成的沉积岩中。这些化石就是恐龙存在的证据，提供了有关恐龙的活动方式和生活环境的线索。化石上面的"痕迹"是恐龙当时生活环境的一种重要指示物，对于追溯恐龙的发展演化有重要作用。

生物化石的形成过程

1. 在中生代时期，恐龙在水边聚集，喝水或者觅食。

2. 由于生理或者环境因素，恐龙在水边死去，并开始腐烂、分解。

3. 水边的沉淀物迅速掩埋了恐龙的骨骼，经过时代变迁，水塘变成了沙漠或者高山丘陵。

4. 开采或者自然风化使化石层暴露出来。

● 发现与挖掘

恐龙化石多发现于沉积岩中，包括砂岩、页岩和沙漠、沼泽、湖泊中的泥岩。其中泥岩大多含有丰富的矿物质，能渗进恐龙的骨骼和其他组织取代原来的矿物质。恐龙的化石大部分都是在山坡上或悬崖中找到的，这些地方因为受到严重的侵蚀，深层岩石较容易暴露出来。此外，采石场和矿洞也是经常发现恐龙化石的地方。如果在坚硬的岩石中发掘恐龙化石，则需要使用大型工具和炸药，同时挖掘过程要小心谨慎，以免损害化石脆弱的结构。

● 追溯化石

除了骨骼、表皮和牙齿化石外，恐龙还留下了很多其他有关生存与生活方式的线索，如脚印化石。恐龙的脚印在阳光下晒干后也能够保存下来，其作为恐龙化石研究的一个新分支，有着恐龙骨骼化石无法替代的作用。骨骼化石保存了恐龙生前身后的一些支离破碎的信息，足迹化石保存的却是恐龙在日常生活中的精彩瞬间。这些足迹不仅反映恐龙日常的生活习性、行为方式，还能反映恐龙与其所在的生存环境的关系。

● 恐龙蛋化石

珍贵的恐龙蛋化石能帮助古生物学家研究恐龙的生殖繁衍、生活习性。在完整的恐龙蛋化石中，有相当一部分还保留有胚胎，恐龙蛋化石多呈窝状产出，排列有序，由此可见，小恐龙和小鸟一样，会本能地待在巢里。有些恐龙的巢互相靠得很近，专家因此推测这些恐龙可能有群居习惯。

恐龙灭绝的猜想

从距今约 2.25 亿年的三叠纪晚期恐龙出现，到距今约 6 600 万年的白垩纪晚期恐龙灭绝，恐龙统治了地球的生态系统长达 1.6 亿年。那么，是什么原因导致了恐龙最终的灭绝呢？针对这个问题，世界各地的科学家们提出了很多理论和解释，历史上关于恐龙灭绝的著名猜想主要有以下几种。

● 陨星撞击说

"陨星撞击说"源于 1980 年美国科学家阿弗雷兹父子，该假说的依据是在 6 600 万年前的地层中发现的浓度超过正常浓度 200 多倍的铱。科学家推测当时是一颗直径约 10 千米的小行星撞击了地球，并引发了强烈的爆炸、火山喷发以及海啸等重大灾难，爆炸引起的灰尘改变了地球的气候环境，地球终年灰暗不见阳光，从而导致了恐龙灭绝。1991 年科学家在墨西哥的尤卡坦半岛发现一个巨大的陨星撞击坑。这一切似乎都在印证着恐龙灭绝的原因。然而，为什么鸟类能够度过陨星撞击的巨大灾难并生存至今呢？人们依旧在寻找着恐龙灭绝的其他原因。

● 气候变化说

在白垩纪晚期，地球板块移动导致了地球上陆地的分离和变化，海洋环境也因此发生了巨大变化。海平面升高，引起了地球气候的干旱。气候的变化使得恐龙找不到可以吃的食物，恐龙自身的身体系统也难以适应变化了的地球环境。气候的剧烈变化还影响了恐龙的卵。有科学家发现，白垩纪晚期恐龙蛋的蛋壳比其他时期恐龙蛋的蛋壳要薄。科学家们推测这就是气候变化对恐龙的身体产生的影响。我国古生物学家还发现，白垩纪晚期恐龙灭绝之前的恐龙蛋化石的气孔比其他时期的恐龙蛋化石的气孔要少，有人认为这与当时气候的干旱有关。

● 温血动物说

　　最开始，科学家们认为恐龙和爬行动物都属于冷血动物或者变温动物。然而，随着越来越多的恐龙化石被发掘，越来越多种类的恐龙被发现，加上现代科技水平的提高，人们对过去的这一认识和想法发生了改变。有人认为恐龙中有些种类可能属于温血动物。在已发现的众多恐龙类型中，不乏体形较大的恐龙，有的恐龙后腿粗壮、肌肉发达，据推测，它们奔跑起来速度很快，有的恐龙奔跑时速可达到 50 千米。这样的奔跑速度对于恐龙的能量消耗是很大的，因此恐龙需要大量食物来维持强壮的心脏及超高的新陈代谢。我们

知道，冷血动物是不需要那么多热量的。从肉食性恐龙远远少于植食性恐龙来看，这一点也是合理的。另外，经科技复原，人们发现一些恐龙的身上覆盖着一层羽毛或毛发，科学家推测这些毛发是为了防止恐龙身上的温度散失，就像猫狗等用体毛御寒一样。因此，有人提出恐龙是温血动物，在白垩纪晚期由于气候变得寒冷，恐龙身躯庞大，抵御不了寒冷，又无从取暖，从而灭亡。不过也有人对此提出疑问，认为这个说法不符合体形较小的恐龙灭亡原因。这个观点也存在诸多不完善的地方。

● 火山爆发说

"火山爆发说"是由意大利著名物理学家安东尼奥·齐基基提出的。他认为恐龙大灭绝的原因可能是大规模的海底火山爆发。他指出，人们都知道现代的火山爆发对海洋气候的影响巨大，而人们并不了解 6 600 万年前的白垩纪晚期海底火山爆发的威力，当时的火山爆发产生的影响力和摧毁力可能更大，是人们难以想象的。火山爆发影响了海水的热平衡，进而引起了陆地气候的变化，间接影响了恐龙的觅食和捕食，影响了恐龙的生存。因此，他认为可以把火山爆发作为研究恐龙灭绝的一个重要参考因素。

● 自相残杀说

有人提出恐龙灭绝的原因可能是它们的自相残杀。恐龙分为肉食性恐龙和植食性恐龙，肉食性恐龙以植食性恐龙和其他动物为食，肉食性恐龙的数量增加造成了植食性恐龙的减少。由于气候变化，适合植食性恐龙吃的植物越来越少，肉食性恐龙也无食可吃，结果就导致恐龙灭绝了。这种说法同样遭到了质疑。恐龙是在白垩期末期突然灭绝的，如果因为恐龙的自相残杀而导致物种灭绝，那应该是逐步灭绝而非突然灭绝。

● 周期性变化说

科学家通过遗迹、传说、记录、考证以及对数亿年前化石、琥珀等的研究发现，地球每隔一段时间会发生一系列剧烈的周期性变化，每次周期性变化的发生都会造成物种的大量灭绝和新物种的爆发。科学家认为在白垩纪晚期就发生了这种周期性变化，从而导致了恐龙的大灭绝。

第一章：

蜥臀目恐龙

∨

　　蜥臀目恐龙生活在三叠纪晚期至白垩纪，包括兽脚亚目和蜥脚亚目。

　　其中兽脚亚目恐龙大多是肉食性恐龙，蜥脚亚目恐龙多是大型植食性动物的演化支。

　　蜥臀目恐龙的主要特征是组成其腰带的髂骨、坐骨和耻骨三者间的结构形式与其他爬行动物相近，即三射型或三放型腰带。

始盗龙

Eraptor

属：始盗龙属

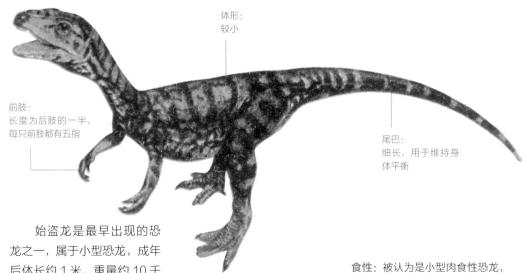

体形：
较小

前肢：
长度为后肢的一半，
每只前肢都有五指

尾巴：
细长，用于维持身
体平衡

始盗龙是最早出现的恐龙之一，属于小型恐龙，成年后体长约 1 米，重量约 10 千克。始盗龙以后肢支撑身体，是趾行动物，因此前肢较短，后肢长度约为前肢的两倍。始盗龙的每只前肢都有五指，其中最长的三根指都有爪，被推测是用来捕捉猎物的，而其第四及第五根指太小，不足以在捕猎时发挥作用。

生活习性：始盗龙能够快速地短距离奔跑。当捕捉到猎物后，会用趾爪及牙齿撕开猎物。它们的体形较小，只有中型犬那么大，虽然身材娇小，但十分轻盈，可以快速猎杀与自己体形相仿的猎物。

食性：被认为是小型肉食性恐龙，由于它们同时有着肉食性及植食性的牙齿，所以也有可能是杂食性恐龙。

化石分布：南美洲阿根廷西北部的伊斯巨拉斯托盆地。

物种命名者：保罗·塞里诺。始盗龙是保罗·塞里诺、费尔南都·鲁巴和他们的学生共同发现的。

考古小课堂：始盗龙有一些植食性的牙齿，以及五根已完全发育的手指，这使得科学家们认为始盗龙比埃雷拉龙更加原始。南十字龙有一些与原蜥脚类、兽脚类相似的特征，这使科学家们怀疑始盗龙的原始程度，以及和其他恐龙的关系。2009 年的一个研究表明，始盗龙属于兽脚亚目，比腔骨龙原始。

你知道吗？ 由于始盗龙缺乏某些恐龙的专有特征及掠食性动物的特征而被认为是最原始的恐龙之一。只有在马达加斯加发现的部分原蜥脚亚目，被认为生存年代可能早于它们。

生存年代：三叠纪	体长：约 1 米	体重：约 10 千克	食性：肉食

埃雷拉龙

Herrerasaurus
科属：埃雷拉龙科、埃雷拉龙属

颈部：
修长、灵活

牙齿：
锐利

埃雷拉龙又称黑瑞龙、赫雷拉龙、艾雷拉龙，有长长的尾巴及相当小的头。埃雷拉龙的头颅骨长而且窄，较原始的主龙类（如派克鳄）无太大差异，但几乎没有后期恐龙的所有特征。它们的头颅骨上有5对洞孔：其中2对是眼窝及鼻孔；在眼睛与鼻子间是1对眶前孔及1对长约1厘米、裂缝样的洞孔，被称为原上颌孔；在眼睛后方是1对大大的下颞孔。这些洞孔有助于降低头颅骨的重量。埃雷拉龙下颌灵活，嘴部有大型锯齿状牙齿，牙齿向后弯曲。颈部修长、灵活。

头骨：
长而低平

尾巴：
用于维持身体平衡

前肢：
小于后腿长度的一半

后腿：
强壮，脚掌较长，善于奔跑

生活习性： 埃雷拉龙拥有锐利的牙齿，骨骼轻巧，所以行动十分敏捷。能快速捕捉猎物，并用弯曲尖锐的牙齿和爪子给猎物以致命一击。一般生活在高地，据推测它们可能会大步行走在有茂密植物的河岸边捕捉猎物。

食性： 属肉食性恐龙，以小型爬行动物为食。

化石分布： 巴西、阿根廷，以及北美洲。

物种命名者： 奥斯瓦尔多·雷格。埃雷拉龙的第一块骨化石是由阿根廷农民埃雷拉无意中发现的。

考古小课堂： 1980年，人们发现了较完整的埃雷拉龙骨骼化石。1988年，在阿根廷月谷，第一具埃雷拉龙头骨化石被发现。

你知道吗？ 埃雷拉龙的耳朵里有保存完好的听小骨，由此可推测埃雷拉龙听觉较敏锐。

生存年代：三叠纪中晚期	体长：约5米	体重：约180千克	食性：肉食

哥斯拉龙

Gojirasaurus
科属：腔骨龙科、哥斯拉龙属

　　哥斯拉龙生活于三叠纪晚期的诺利阶，距今约 2.1 亿年。其化石发现于美国新墨西哥州奎伊县的铜峡谷地层。哥斯拉龙的模型标本是一个亚成年个体的部分骨骼，包括一颗有锯齿边缘的牙齿、四根肋骨、四节脊椎、骨盆以及一根胫骨。科学家根据化石推测，哥斯拉龙的体形很大，是当时的大型肉食性动物之一。

牙齿：
有锯齿边缘

后腿：
粗壮有力

爪子：
尖锐锋利，可轻易
撕开猎物

生活习性：哥斯拉龙牙齿尖锐、爪子锋利、身手敏捷。生性凶残，遇到猎物绝对不会放过，即使饿上几天，也可以迅速捕捉猎物。适应环境的能力很强，在寒冷的山地、湿热的雨林、干旱的草原中都有它们的身影。

食性：属大型肉食性恐龙，主要食物为小型恐龙，也会捕猎其他动物。

化石分布：美国新墨西哥州。

物种命名者：卡朋特。哥斯拉龙的属名来源于日本怪兽电影《哥斯拉》，种名以化石发现地为名。

考古小课堂：目前已被发现的哥斯拉龙化石是一只未成年个体，古生物学家根据此化石的特点推断，成年哥斯拉龙身形较长，脖子和尾巴都较长。近几年的研究表示，该哥斯拉龙化石的有效性存疑，因为它们的脊椎可能属于劳氏鳄目的苏牟龙，而骨盆和胫骨属于腔骨龙超科的恐龙。

| 生存年代：三叠纪晚期 | 体长：约 5.5 米 | 体重：150~200 千克 | 食性：肉食 |

并合踝龙

Syntarsus
科属：腔骨龙科、合踝龙属

并合踝龙又名坚足龙或合踝龙，生
存于 2 亿至 1.94 亿年前的三叠纪晚期至
侏罗纪早期。由于在美国新墨西哥州、
亚利桑那州、马萨诸塞州和犹他州都发
现了并合踝龙的化石，并且在非洲和南
美洲也曾发现同属种的化石标本，因此推
测并合踝龙是一类从其祖先的生活环境扩
展至世界各地的恐龙。并合踝龙的明显特征为
修长健壮的身体、粗大的尾巴，其前后足各有
三只锋利的尖爪。

趾爪：
锋利

化石分布： 美国新墨西哥州、亚利桑那州、马萨诸
塞州、犹他州，以及非洲和南美洲。

考古小课堂： 并合踝龙非常像腔骨龙，区别是并合
踝龙的脚跟骨有的被融合或者连接在一起。在非洲
及美国西南部都曾发现它们的踪迹，因此估计它们
在盘古大陆时期就从一大洲迁徙到另一大洲。非洲
及美国的标本，这些证据都支持了迁移的说法。

尾巴：
粗大，维持身
体平衡

眼睛：
较大，夜视
能力强

生活习性： 并合踝龙完全站立时，其高
度足以从猎物的头顶一口咬下，锋利的
爪子以及锯子般的牙齿更是有助于它们
捕食。据推测它们可能是夜行性动物，
视觉敏锐，可以在黑暗中成群捕猎。骨
架中空，因此身手敏捷，捕猎的时候健
步如飞，可以快速捕捉到猎物。捕猎时
候不会放过任何美味，包括同类的幼崽。
就像是中生代的豺狼，所以任何生物见
到它们，都会第一时间躲避。

双腿：
粗壮，有
3 只锋利
的尖爪

食性： 属肉食性恐龙，食鱼、小型两栖
动物以及动物腐尸，也会吃同类的幼崽。

生存年代：三叠纪晚期至侏罗纪早期	体长：约 3 米	体重：约 32 千克	食性：肉食

南十字龙

Staurikosaurus
科属：南十字龙科、南十字龙属

生存于三叠纪晚期，是已知最古老的恐龙之一。目前，南十字龙的唯一标本发现于巴西南部南里约格朗德州的圣玛利亚组地层，由当时在美国自然史博物馆工作的内德·科尔伯特命名。南十字龙的化石只有一部分脊椎骨、后腿和大型下颌，只有两个脊椎骨连接骨盆与脊柱，这是明显的原始排列方式。根据已发现的南十字龙腿部的骨骼化石推测，南十字龙擅长奔跑。

牙齿：
排列十分整齐

前肢：
短小

尾巴：
长而细，维持
身体平衡

双腿：
纤长有力，
擅长奔跑

生活习性：南十字龙牙齿整齐锋利，可以将较小的猎物沿着小而向后弯曲的牙齿，往喉咙的后方推动。后肢细长，追逐猎物的时候行动非常迅速。

食性：属肉食性恐龙，以小型动物为食。

化石分布：巴西。

物种命名者：内德·科尔伯特。1970年，南十字龙的化石在巴西被发现，因为当时很少在南半球发现恐龙化石，所以古生物学家们便以南十字星座为这种恐龙命名，南十字星座只有在南半球才能看见。

考古小课堂：南十字龙的化石记录非常不完整，只有部分脊椎骨、后肢和大型下颌。因为化石的年代属于恐龙时代的早期，所以不少的南十字龙特征都得到了重建。南十字龙化石的发现不仅对恐龙研究具有重大意义，还为古生物学家研究南半球提供了重要依据。

| 生存年代：三叠纪晚期 | 体长：约2米 | 体重：约30千克 | 食性：肉食 |

挺足龙

Erectopus

科属：异特龙超科、挺足龙属

挺足龙生存于白垩纪早期。2005年，古生物学家阿兰对挺足龙化石重新鉴定，发现挺足龙的明显特征为：上颌骨的前端圆形，股骨颈修长，跟骨前背缘向背侧突出，跟骨的长度为高度的两倍，第二跖骨的长度相当于股骨的一半，第二跖骨的近内侧后缘弯曲。

上颌骨：
前端呈圆形

跟骨：
前背缘向背侧突出

食性：属肉食性恐龙。

化石分布：法国、埃及和葡萄牙等地。

物种命名者：挺足龙的骨骼原由路易·皮亚松收藏。1882年，索瓦士对其进行第一次描述，他将此化石分类在斑龙中。1932年，休尼重新描述了这些化石，将它们命名为萨氏挺足龙，之后这套化石便失散了。仅一些骨头的铸型被存放在巴黎的国家自然历史博物馆。在20世纪晚期，由索瓦士于1882年描述的左上颌骨前端被追回。

尾巴：
粗长健壮

后腿：
粗壮有力

考古小课堂：19世纪晚期，挺足龙化石在法国东部地层被发现，此地层带有磷酸盐，年代为阿尔布阶，同时也有发现蛇颈龙类、鱼龙类及鳄鱼的化石。

你知道吗？ 挺足龙的属名含义为"直立的脚部"，是根据其脚部结构而命名的，因为挺足龙的股骨、胫骨和跖骨是几乎直立的。

生存年代：白垩纪早期	体长：约2米	体重：约200千克	食性：肉食

腔骨龙

Coelophysis
科属：腔骨龙科、腔骨龙属

腔骨龙又名虚形龙，是北美洲的小型二足肉食性恐龙，也是已知最早的恐龙之一。腔骨龙的化石完整，其头部具有大型洞孔，可帮助减轻头颅骨的重量，而洞孔间的狭窄骨头可以保持头颅骨的结构完整性。吻部尖细，使得整个头部显得狭长。前肢相对短些，每只前肢有四指，其中有三指带爪，第四指则藏于手掌的肌肉内。后腿脚掌有三趾，而后趾是不接触地面的。腔骨龙的尾巴结构奇特，在其脊椎的前关节突互相交错，形成半僵直的结构，能制止其上下摆动，这样有利于腔骨龙在快速移动时保持身体平衡。

牙齿：
像剑一样并向后斜，前后缘有着小型的锯齿边缘

前肢：
有 3 只带爪的指，用来辅助捕猎

尾巴：
结构特殊，奔跑时可以维持身体平衡和掌握方向

双腿：
脚掌有三趾，并善于奔跑

食性：属肉食性恐龙，主要食物是一些小型哺乳动物，也会袭击一些大型的植食性恐龙。

生活习性：牙齿是标准的掠食性恐龙牙齿，像剑且向后弯，牙齿的前后缘还有小型锯齿边缘，有利于其进食。

化石分布：美国亚利桑那州、新墨西哥州、犹他州。

物种命名者：爱德华·德林克·科普。

考古小课堂：1947 年，人们在美国新墨西哥州一个叫古斯特的农场发现了一个特别的恐龙化石万龙坑。坑里埋着数百只腔骨龙的化石骨架，它们杂乱无章地堆在一起。这些腔骨龙中有年老的，也有年轻和年幼的，它们几乎同时死亡并被一起埋葬在此地。埋葬学又提供了一些证据，推测这些恐龙可能是聚在一起进食、喝水或捕猎，然后就被突发的洪水埋葬了。

趣味小课堂：腔骨龙是第二个进入太空的恐龙。1998 年 1 月 22 日，一个腔骨龙头颅骨被放在奋进号航天飞机中，进行 STS-89 任务，并被带到太空站之中。

你知道吗？腔骨龙的属名来自古希腊文，意为"空心"，取自它们那空心的四肢骨头。

| 生存年代：三叠纪晚期 | 体长：2.5~3 米 | 体重：15~30 千克 | 食性：肉食 |

中华盗龙

Sinraptor
科属：中华盗龙科、中华盗龙属

中华盗龙有两个模式种：董氏中华盗龙与和平中华盗龙。中华盗龙的正模标本在 1987 年由菲力·柯尔与赵喜进发现于新疆的石树沟组，这次挖掘活动由中国人与加拿大人组成的挖掘团队主持。中华盗龙的主要特征为大脑袋、中等大小且强壮的前肢、长腿、粗壮的躯体。身高在同样体长的肉食性恐龙里算是很高的了。

头部：
较大，嘴里有排列整齐的细小牙齿

尾巴：
尾部尖细

前肢：
细小，有 3 个尖爪

后腿：
依靠双腿站立，比前肢长很多

趣味小课堂：中华盗龙生存于侏罗纪晚期的中国地区。它们的身长大约有 7.6 米，高度约为 3 米。中华盗龙已有两个被命名种——董氏中华盗龙与和平中华盗龙。最早的中华盗龙发现于准噶尔盆地，骨架保存得相当完整，仅缺少前肢及少部分尾椎。由于是第一次在中国发现的兽脚类肉食性恐龙，所以将其命名为中华盗龙。

你知道吗？ 考古学家曾在植食性恐龙身上发现过中华盗龙的牙印，这表明，类似中华盗龙的兽脚类恐龙在打斗时会用嘴当作武器。

食性：属肉食性恐龙。

化石分布：中国新疆准噶尔盆地。

物种命名者：菲力·柯尔、赵喜进。

考古小课堂：1824 年英国的古生物学家巴克兰第一次发现肉食性的巨齿龙，揭开了残暴肉食性恐龙王国的内幕。此次发现，让人们可以在更深层次上揭示过去未被揭晓的兽脚类恐龙的秘密，具有较高的学术意义。董氏中华盗龙的化石是中国和加拿大科学家在 1987 年、1988 年挖掘出来的，化石保存得相当完整。

生存年代：侏罗纪晚期	体长：7.2~9 米	体重：1.5~3 吨	食性：肉食

冰脊龙

Cryolophosaurus
科属：双脊龙科、冰脊龙属

头冠：
眼睛上方有个独特的头冠，外观很像一柄梳，有褶皱，从头颅骨向外延伸

冰脊龙又名冰棘龙、冻角龙，是一类大型的二足兽脚亚目恐龙，在其头部有一个像西班牙梳的奇异冠状物。冰脊龙的化石被发现于南极洲南极横贯山脉比尔德莫尔冰川柯克帕特里克峰。冰脊龙的化石是一个高且窄的头颅骨，约 65 厘米长。在其眼睛上方有个独特的头冠，垂直于头颅骨，两侧各有两个小角锥。头冠的外观很像一柄梳子，有褶皱，从头颅骨向外延伸，在泪管附近与两侧眼窝的角交会。据推测，其头冠在打斗时易碎，因此可能是求偶时用的。冰脊龙是目前唯一在南极洲被发现的兽脚类恐龙。

食性：属肉食性恐龙。

化石分布：南极洲。

物种命名者：威廉·哈默尔、威廉·J.希克森。

| 生存年代：侏罗纪早期 | 体长：约 6 米 | 体重：约 460 千克 | 食性：肉食 |

栖息环境： 冰脊龙生活在侏罗纪时期的南极洲。研究发现，侏罗纪早期的南极洲尚未漂移到高纬度地区。通过地质检测和冰脊龙粪便化石检测发现，当时的南极洲气候也没有如今这么寒冷，陆地被植被覆盖着，并有一些小型的动物生活在那里。这些因素使得冰脊龙可以在南极洲生存。

前肢：
短小，指爪尖锐

双腿：
粗壮有力

尾巴：
维持身体平衡

你知道吗？ 冰脊龙是在南极洲发现的第一种肉食性恐龙，侏罗纪时期的南极洲气候寒冷，冬季可能长达 6 个月，冰脊龙必须维持足够高的体温才可以避免被冻僵，这说明冰脊龙很有可能是温血动物。

牙齿：
巨大且锋利

27

气龙

Gasosaurus
科属：巨齿龙科、气龙属

　　根据发掘出的头骨和部分躯体骨骼复原的模型显示，气龙有尖锐的边缘呈锯齿状的牙齿，能轻松撕裂生肉；前肢强有力，尖锐的爪子可以刺穿小型猎物或刺破大型猎物坚韧的外皮。

生活习性：气龙可以在捕食的时候一跃而起，趁猎物放松警惕的时候攻其不备。丛林中经常会有这种血腥的捕食场景，它们也因此成为恐龙动物群中的霸主，更是植食性恐龙的凶猛天敌。

食性：属肉食性恐龙。

化石分布：中国四川省自贡市大山铺。

物种命名者：董枝明。

考古小课堂：气龙主要分布在亚洲，其化石发现于中国四川省自贡市大山铺，当地属于下沙溪庙组，地质年代为侏罗纪中期的巴通阶与卡洛维阶，距今约1.64亿年。

趣味小课堂：气龙的属名意指"天然气蜥蜴"，是为纪念发现气龙化石的天然气公司，和生气没有关系。

牙齿：
尖锐，边缘呈锯齿状

尾巴：
较长，维持身体平衡

前肢：
短小而强壮有力，
爪子强劲尖锐

| 生存年代：侏罗纪中期 | 体长：3~4米 | 体重：约150千克 | 食性：肉食 |

斑比盗龙

Bambiraptor

科属：偷蛋龙科、偷蛋龙属

斑比盗龙是一种类似鸟类的恐龙，生存于 7 500 万年前。斑比盗龙的骨骼化石于 1995 年由一名 14 岁的化石爱好者在美国蒙大拿州的冰川国家公园发现。斑比盗龙的骨骼结构与鸟类非常接近，且身披羽毛，但其脑部比现今鸟类小。其小脑较大，因此推测斑比盗龙比其他驰龙科恐龙更灵活，并拥有更高的智慧。斑比盗龙有着长臂及发展良好的叉骨，前肢腕关节可以折拢，与鸟类相似，胫骨较长。

食性： 属肉食性恐龙。

化石分布： 美国蒙大拿州。

物种命名者： 大卫·伯纳姆等。

考古小课堂： 1995 年，14 岁的化石猎人韦斯·林斯特在美国蒙大拿州的冰川国家公园发现了恐龙骨骼化石。通过进一步的发掘，在

前肢：
类似鸟类双翼，前肢腕关节可以折拢

尾巴：
较长，可能有类似鸟类的羽尾

此挖出了近 95% 完整度的斑比盗龙骨骼，使古生物学家得以对其进行研究。耶鲁大学古生物学家约翰·奥斯特伦姆认为，斑比盗龙化石的完整性及无失真性对于科学家了解鸟类与恐龙之间的关系有着很大的帮助。目前该标本存放于美国自然历史博物馆。

你知道吗？ 斑比盗龙的脑部比现在的鸟类小。由于它们的小脑较大，所以比其他驰龙科更灵活、更有智慧。有假说认为它们是栖于树上的，这种演化上需要更大的脑部容量。另一假说认为，它们的脑部发育利于它们捕捉灵活的猎物，如蜥蜴和一些哺乳动物。以斑比盗龙的体形来说，其头部与身体的比例是目前已知恐龙中最大的。斑比盗龙有着长臂及发展良好的叉骨，手腕关节可以折拢，可以完成类似于鸟类的折拢双翼的动作。部分骨头内有空腔，且与肺部相连，也与鸟类相似。

身体：
覆羽毛

生存年代：白垩纪晚期	体长：约 1 米	体重：约 15 千克	食性：肉食

镰刀龙

Therizinosaurus

科属：镰刀龙科、镰刀龙属

前肢：
很长，有 3 个巨大指爪

双腿：
有 4 个脚趾，趾爪短而弯曲

镰刀龙的化石首次发现于蒙古，化石并不完整，但是可以参考其他镰刀龙科的恐龙来研究镰刀龙。它们拥有小型头部与喙状嘴，以及长颈部，通过宽大的骨盆可看出它们拥有宽广的大型身体，前肢很长，有 3 个巨大的指爪，指爪长而弯曲、狭窄，第二指爪最长，这些指爪成了它的显著特征。它们的脚部有 4 个脚趾，其中 3 个用来支撑身体重量，趾爪短而弯曲。另外推测，它们可能长有羽毛。

食性：镰刀龙的食性仍在争论中，但较有可能是植食性恐龙。

化石分布：蒙古、哈萨克斯坦。

物种命名者：叶甫根尼·马列夫。

考古小课堂：镰刀龙的化石最早是在 20 世纪 40 年代晚期由苏联和蒙古组成的挖掘团队发现的，他们发现了镰刀龙数个巨大的指爪，最长的有 1 米。1954 年，此种恐龙被命名为镰刀龙，意为"巨大的指爪"。

你知道吗？镰刀龙生活在 8 000 万至 7 500 万年前的蒙古地区。它们是世界上爪子最长的动物，其显著特征是前肢上非常长的指爪，长达 1 米，可用于驱赶天敌或获取食物。1999 年，中国古生物学家在内蒙古发现了一具镰刀龙骨架化石，它生活在 8 000 万年前，体长为 2 米，高约 1 米，至少有 14 节颈椎，按脖子和身体的比例来算，它是目前镰刀龙类中脖颈最长的。

颈部：
较长

生存年代：白垩纪晚期	体长：8~11 米	体重：3~6 吨	食性：植食

宣汉龙

Xuanhanosaurus
科属：斑龙科、宣汉龙属

宣汉龙的化石是由中国古生物学家董枝明发现于中国四川省的下沙溪庙组。宣汉龙的前肢与其他兽脚亚目中的恐龙不同，它们的前肢很长，而大部分后期兽脚亚目的前肢是很短小的。由于宣汉龙具有较长、较强壮的前肢，仍保留有第四掌骨，董枝明推测它可能

尾巴：
粗长

双腿：
强壮

前肢：
较长，强壮

是用四肢行走的。其他古生物学家则认为，它们也和其他兽脚亚目恐龙一样以后腿行走，前肢则用来辅助捕猎。

食性：属肉食性恐龙。

化石分布：中国四川省。

物种命名者：董枝明。

你知道吗？ 宣汉龙是以其化石发现地的四川省达州市宣汉县命名的。

生存年代：侏罗纪中期	体长：约6米	体重：约250千克	食性：肉食

皮亚尼兹基龙

Piatnitzkysaurus
科属：斑龙科、皮亚尼兹基龙属

皮亚尼兹基龙生存于侏罗纪中期的南美洲，化石地质年代属于侏罗纪中期的卡洛维阶。皮亚尼兹基龙的化石包括两个破碎的头颅骨，以及部分颅后骨骼。根据发现的化石研究，皮亚尼兹基龙是一种中型的二足肉食性恐龙。它们前肢

脑部：
有极为短窄的基蝶状骨横突

前肢：
较短，粗壮

双腿：
较长，粗壮

牙齿：
尖锐

粗壮，有着特殊的脑壳构造，最为突出的是它们极为短窄的基蝶状骨横突，类似斑龙科的皮尔逊龙。

食性：属肉食性恐龙。

化石分布：阿根廷。

物种命名者：约瑟·波拿巴。

生存年代：侏罗纪中期	体长：约4.3米	体重：275~450千克	食性：肉食

单脊龙

Monolophosaurus
科属：棘龙科、单脊龙属

　　单脊龙又称单棘龙或单嵴龙，是一种肉食龙下目恐龙，生活于侏罗纪中期。由于它们的头颅骨上有单一冠饰，因此把它们命名为单脊龙。单脊龙是中等大小的肉食性兽脚类恐龙，头骨长而粗壮，头顶上具有发育良好而高耸的脊冠。由于单脊龙的发现地区被探测出有水的迹象，所以推测单脊龙可能生存在湖岸或海岸地区。

牙齿：
整齐且较为
锋利

后腿：
长而有力

颈部：
轻盈而灵活

前肢：
较细小

食性： 属肉食性恐龙。

物种命名者： 菲力·柯尔、赵喜进。

化石分布： 中国新疆准噶尔盆地。

生活习性： 从生存时期的生态环境和它们的身体结构来分析，单脊龙的食物可能是鱼类和小型恐龙，并可能以腐肉为辅。它们骨骼构造和身体结构不太结实，所以很难捕食中、大型植食性恐龙，而它们的轻盈的头颈部和整齐的牙齿，更适合于捕食鱼类和小型恐龙。在侏罗纪中期恐龙食物链里，单脊龙为食物链的次等掠食者，也就是说，它们也是中华盗龙的食物。

| 生存年代：侏罗纪中期 | 体长：约 5 米 | 体重：约 450 千克 | 食性：肉食 |

尾巴：
很长，可以起到平衡身体的作用

考古小课堂：单脊龙这具完整的标本在 1984 年发现于五加湾组岩石，地质年代为 1.68 亿至 1.61 亿年前。最初将其暂时命名为将军庙龙，后该名称被弃用。

头骨：
长而粗壮

你知道吗？单脊龙的上、下颌较长，并且长满锋利的牙齿，这有利于让单脊龙在捕猎过程中牢牢咬住猎物的要害，再搭配上前肢的辅助，单脊龙可以轻松杀死猎物。

永川龙

Yangchuanosaurus
科属：中华盗龙科、永川龙属

食性：属肉食性恐龙，捕猎对象通常为植食性恐龙。
化石分布：中国重庆市永川区。
物种命名者：董枝明。

牙齿：
比首般锋利的牙齿

永川龙的头又大又高，近似三角形，头部两侧的六对大孔可以减轻头部的重量。永川龙的两个眼孔很大，说明它的视力极佳；它的嘴里长着一排排比首般的牙齿，十分锋利；脖子粗壮，造就了它巨大的咬合力；它有着又弯又尖的利爪以及灵活的前肢，使其捕猎更加灵活；永川龙的双腿又长又粗壮，并且生有三趾，奔跑时三趾着地，这样能使它奔跑得十分迅速；永川龙还有着长长的尾巴，可以在它奔跑时作为平衡器维持身体平衡。

前肢：
长有又弯又尖的利爪，灵活

生存年代：侏罗纪晚期	体长：10~11米	体重：约4吨	食性：肉食

头部：
又高又大，略呈
三角形

生活习性： 永川龙常出没于丛林和湖滨，性格冷僻，喜欢单独活动。永川龙的前肢比较灵活，用这对利爪可以牢牢地抓住猎物，捕猎对象一旦被它盯上，就很难逃脱。

你知道吗？ 2017 年 5 月 19 日，《中国恐龙》首次发行永川龙特种邮票，标志着中国发行了第一枚以永川龙为题材的邮票。

双腿：
又长又粗壮，
生有三趾，奔
跑迅速

尾巴：
长尾巴能在奔
跑时保持平衡

考古小课堂： 永川龙生活在侏罗纪晚期，其化石发现于重庆市大山铺组的上沙溪庙地层，地质年代约为 1.6 亿年前。20 世纪 70 年代在现在的重庆市永川区发现了较为完整的永川龙化石个体，20 世纪 80 年代又在"恐龙之乡"自贡市发现了更完整的骨架，包括精美的头骨化石，所以永川龙有丰富的化石材料保存。因此，永川龙不光是中国，也是世界上目前为止化石保存得最好的肉食性恐龙之一。

爪子：
又弯又尖，可抓
住猎物

美颌龙

Compsognathus
科属：美颌龙科、美颌龙属

生活习性：美颌龙的头骨上有很大的眼窝，这说明它们的视觉系统在头骨中占较大空间，因此它们可能有良好的视力。美颌龙的身体结构非常适合奔跑，它们有细长的尾巴，且身体控制能力很强，协调性也很好，因此可以在奔跑的时候保持身体稳定。它们的牙齿小而锋利，适合吃细小脊椎动物及其他生物。

眼睛：
相对于头部的比例很大

牙齿：
牙齿细小、锋利

美颌龙又称细颚龙、细颈龙、新颚龙、秀颚龙，是小型的二足肉食性兽脚亚目恐龙，生存于侏罗纪晚期提通阶早期，约 1.5 亿年前。美颌龙体形小巧，头颅骨有五对洞孔，其中最大的是眼窝，眼睛占头颅骨的比例很大；下颌修长，但没有下颌孔；牙齿细小锋利，适合吃小型的脊椎动物及其他动物。除了前上颌骨的前段牙齿外，其他的牙齿都有着锯齿边缘并大幅弯曲，这成为科学家们辨别美颌龙及其近亲的一个显著特征。它们的脖子修长而灵活，前肢要比后腿小，有三指，都有利爪，用来抓捕猎物，后腿和尾巴细长。

前肢：
前肢比后腿小，掌上有长着利爪的三指，可以抓捕猎物或者辅助进食

后腿：
后腿特别细长，依靠后腿站立和行走

| 生存年代：侏罗纪晚期 | 体长：约 70 厘米 | 体重：约 3 千克 | 食性：肉食 |

尾巴：
较长，末端很细，整
个尾巴可平衡身体

头部：
细长、狭窄

考古小课堂：1859 年，约翰·A. 瓦格纳概
略地描述了这个标本。1861 年，瓦格纳又对
其进行了详细的描述，同时将其命名为长足
美颌龙。1978 年，约翰·奥斯特伦姆详细地
重新描述了这个物种，这使它成为当时最知
名的细小兽脚亚目恐龙。德国标本目前展览
在巴伐利亚国家古生物和地质收藏馆中。

食性：属肉食性恐龙。

化石分布：德国南部、法国南部。

物种命名者：约翰·A. 瓦格纳。

栖息环境：侏罗纪晚
期，欧洲在古地中海
边缘，是一片干旱的
热带群岛。发现美颌龙
的位置在海滩和珊瑚礁之间，在
发现它的地层也有一些海洋生物
的化石，因此可以确定美颌龙是
栖息在海岸边的。

虚骨龙

Coelurus
科属：虚骨龙科、虚骨龙属

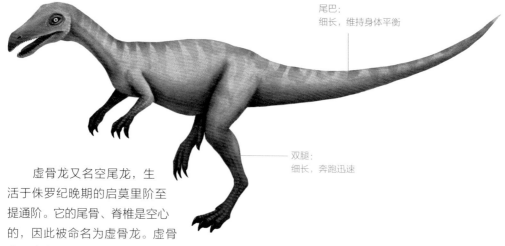

尾巴：
细长，维持身体平衡

双腿：
细长，奔跑迅速

　　虚骨龙又名空尾龙，生活于侏罗纪晚期的启莫里阶至提通阶。它的尾骨、脊椎是空心的，因此被命名为虚骨龙。虚骨龙是中小型恐龙，身长 2~3 米。目前较为完整的一具化石发现于美国怀俄明州的科莫崖，该化石包含众多脊椎、部分骨盆、肩带以及大部分四肢。根据化石建造的模型来看，虚骨龙的颅骨小而长；脊椎骨长，因而有较长的颈部；趾骨长，因此后腿修长。它的前掌长着锐利、弯曲的三个指爪，适合抓捕蜥蜴或会飞的爬行动物。

食性：属肉食性恐龙，捕食森林里的昆虫、蜥蜴和小型哺乳动物。

化石分布：亚洲、北美洲。

物种命名者：奥塞内尔·查利斯·马什。

生活习性：虚骨龙主要生活在森林中。用两条后腿行走，前肢也很健壮，有三个利爪，可以用来抓捕猎物。行动敏捷，因为身体比嗜鸟龙轻一些，后肢也长一些，所以奔跑速度比嗜鸟龙快。

考古小课堂：虚骨龙的知识，通常多来自其中一副骨骸化石，该化石发现于怀俄明州的科莫崖。直到 20 世纪 80 年代，虚骨龙的骨骸才被完整拼凑出来，并存放于皮巴第自然历史博物馆。此具虚骨龙化石的头部化石不多，只有挖掘地点发现到的一块骨头，可能为部分下颌。这块骨头的保存状况与虚骨龙的骨骸类似，但形状更细长，所以可能不属于这具骨骸。

| 生存年代：侏罗纪晚期 | 体长：2~3 米 | 体重：13~20 千克 | 食性：肉食 |

野蛮盗龙

Atrociraptor
科属：驰龙科、野蛮盗龙属

头颅骨：
短而高

野蛮盗龙生活于白垩纪马斯特里赫特阶的加拿大阿尔伯塔省区域。模式种为马修野蛮盗龙，它的化石是在近德兰赫勒市的马蹄峡谷地层发现的。化石很不完整，只有左前上颌骨、右上颌骨、左右齿骨以及附属牙齿与小型骨头碎片。从发掘出的化石标本可以看出，它的头颅骨短而高，牙齿由齿槽中斜向生出，形成一排耙状牙齿。

考古小课堂：2004 年，柯尔与维利切奥在加拿大阿尔伯塔省的马蹄铁峡谷晚白垩世地层发现了驰龙类新品种，经过研究之后将其命名为野蛮盗龙。化石中最重要的部分是一个不大完整的 21 厘米长的头骨。这片恐龙坟场已发现 125 年，迄今为止发现了多种恐龙，但新种肉食性恐龙却是 14 年来首次在此发现。小型的野蛮盗龙是非常难得的，因为其保存相当困难。研究还表明野蛮盗龙与驰龙之间有着密切的亲缘关系。

你知道吗？野蛮盗龙与成年斑比盗龙大小相当，但与斑比盗龙及其他驰龙科恐龙又有所不同，区别就在于它那同齿型且短而深的口鼻。野蛮盗龙与恐爪龙有着大量相同的衍生特征，是近亲。

尾巴：
很长，羽毛浓密

牙齿：
由齿槽中斜向生出，形成一排耙状牙齿

食性：属肉食性恐龙。
化石分布：加拿大阿尔伯塔省。
物种命名者：菲力·柯尔。

生存年代：白垩纪晚期	体长：约 1.5 米	体重：约 15 千克	食性：肉食

嗜鸟龙

Ornitholestes
科属：虚骨龙科、嗜鸟龙属

　　嗜鸟龙的头盖骨很小，眼眶后面的骨骼与大型的肉食性恐龙很像，下颌骨比较厚，颌部前面部分的牙齿呈圆锥状，后面的牙齿则小而弯曲、尖锐而宽扁。嗜鸟龙的前肢长且健壮，前肢的指上长着一根短而具利爪的拇指和两根带爪的长指头，第四根小手指向内弯曲，能帮助它抓紧挣扎的猎物。嗜鸟龙的后腿长而强韧有力，加上较轻的体重，这使得它奔跑十分迅速。

下颌：
下颌骨比较厚

牙齿：
又长又尖，
像把短剑

前肢：
长且健壮

尾巴：
又细又长，可以维持身体的平衡

生存年代：侏罗纪晚期	体长：约2米	体重：10~30千克	食性：肉食

生活习性：有锋利的牙齿，可以高速奔跑，能快速追捕小型动物。嗜鸟龙的体重很轻，后肢很长且强韧有力，所以奔跑速度很快。尾巴较长，起到平衡身体的作用，有利于高速奔跑。发现目标的时候嗜鸟龙会突然跃起扑向猎物，大多数小型动物都逃不出它的"魔掌"。

食性：属肉食性恐龙，通常会吃蜥蜴和小型哺乳动物。

化石分布：美国怀俄明州。

物种命名者：亨利·费尔费尔德·奥斯本。

趣味小课堂：嗜鸟龙的意思为"盗鸟的贼"，但实际上嗜鸟龙的存在早于鸟类。科学家认为，嗜鸟龙奔跑速度快，可能具有捕获始祖鸟的能力，所以被命名为嗜鸟龙。

双腿：
腿部强韧有力，而且比较长，这说明它跑得很快

你知道吗？嗜鸟龙的形象经常出现在荧幕上：1940 年，迪士尼电影《幻想曲》的《春之祭》中有嗜鸟龙跳跃抓捕一只始祖鸟的情节；电视节目《与恐龙共舞》第二集中，有一只嗜鸟龙追踪一只幼年龙的情节。

趾爪：
强健、尖锐

41

尼日尔龙

Nigersaurus

科属：雷巴齐斯龙科、尼日尔龙属

头部：
扁平，状似铲子

尼日尔龙生存于白垩纪中期的阿普第阶或阿尔布阶。它是四足植食性恐龙。它有着由数千颗牙齿构成的复杂齿系，头部像铲子，嘴部状似吸尘器。尼日尔龙的背部有着类似于雷巴齐斯龙但较小的神经棘。它的颈部较短，头部朝下。

食性：属植食性恐龙，以低高度植被为食。

物种命名者：保罗·塞里诺等。

化石分布：尼日尔。

尾巴：
粗长且灵活

考古小课堂：尼日尔龙虽然常见，但在 2005 年以前人们对它所知甚少。直至 2005 年，保罗·塞里诺及杰佛瑞·威尔森第一次描述了尼日尔龙的头颅骨及食性。2007 年，保罗·塞里诺详细研究了它的生理构造。根据内耳结构，指出它的头部朝下，适合以低高度植被为食。

生存年代：白垩纪中期	体长：约 9 米	体重：未知	食性：植食

趣味小课堂:据研究发现,尼日尔龙
有 500~600 颗牙齿,电脑断层扫描
显示,每颗牙齿后方有 9 个替换用的
牙齿。保罗·塞里诺认为,尼日尔龙
的牙齿替换率约为每月 1 颗。在吉尼
斯世界纪录中,尼日尔龙是牙齿汰换
率最高的动物。

嘴部:
宽阔扁平

背部:
有着类似于雷巴
齐斯龙但较小的
神经棘

四肢:
粗壮,是四足行
走的恐龙

你知道吗?尼日尔龙头部状似铲子,嘴部状似吸尘器,齿系复杂。
之前这样的齿系仅发现于鸭嘴龙科和角龙下目,尼日尔龙的发现,
证明蜥脚下目中至少雷巴齐斯龙科有这类齿系。

异特龙

Allosaurus

科属：异特龙科、异特龙属

头颅：
具有大型的头颅骨，
上有大型洞孔，眼睛
上方拥有角冠

牙齿：
有数十颗大型、锐利、弯曲
的牙齿，呈锯齿状

前肢：
短而强壮，约是后
腿长度的35%

腕骨：
具有类似半新
月形的腕骨

异特龙又称异龙，是一种大型的二足掠食性恐龙，生存于侏罗纪晚期的启莫里阶至早提通阶。异特龙的头颅十分巨大，头颅上的大型洞孔能减轻重量，眼睛上方有角冠。它的头颅骨由几个可以活动的骨头组成，这样它的上下颌可以前后移动，便于撕裂猎物。它的牙齿巨大而且坚固，呈锯齿状，每颗牙有 10.2 厘米长，越往嘴部深处，牙齿就越短、越狭窄、越弯曲。异特龙的前肢要比后腿短，前肢约为后腿长度的35%，其每个掌部有 3 根手指，手指上有着大型、大幅弯曲的指爪。后腿高大粗壮，有 4 个带爪的脚趾。

爪子：
手指上有大型、
大幅弯曲的指爪

生活习性：幼年异特龙标本显示，幼年个体的后肢所占比例比成年个体大，且后肢下半部分长于大腿部分。这表明幼年异特龙的移动速度较快，猎食方式不同于成年个体。例如幼年异特龙追赶小型猎物，而成年个体则会用伏击方式来捕食大型猎物。异特龙的头颅骨非常坚固，咬合力相当大，可以达到 3~8 吨。

| 生存年代：侏罗纪晚期 | 体长：约 8.5 米 | 体重：约 1.5 吨 | 食性：肉食 |

角冠：
由延伸的泪骨所构成，
角冠的形状与大小随着
个体而不同

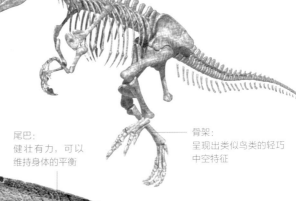

食性：属肉食性恐龙，可能以蜥脚类恐龙为猎食对象。

化石分布：美国、加拿大、中国、墨西哥，以及非洲、大洋洲。

物种命名者：奥塞内尔·查利斯·马什。

尾巴：
健壮有力，可以
维持身体的平衡

骨架：
呈现出类似鸟类的轻巧
中空特征

趣味小课堂：从异特龙脑部的电脑断层扫描发现，它的脑部与鳄鱼和鸟类有许多共同点。前庭器官的结构显示其头部几乎保持在水平位置，内耳结构类似于鳄鱼，据此推测出异特龙可以听到低频的声音，也可以听到细微的声音。

你知道吗？异特龙体形并不是肉食性恐龙中最大的，但它拥有更适合猎杀的身体结构。它有粗壮的前肢，3 根指头上有利爪，可以毫不费力地撕开猎物。还有高大粗壮的后肢，可以有力地支撑起身体的重量，行动起来也会更加敏捷。粗大的尾巴可以横扫敌人。

双腿：
高大强壮，
有带爪的趾

巨齿龙

Teratosaurus
科属：斑龙科、巨齿龙属

脖子：
短粗

牙齿：
巨大，呈锯齿状，顶端
向后弯曲而倒伏

下颌：
强健，长且窄

前肢：
短小，有锋利的前爪，
能撕开猎物坚韧的皮

头部：
大且重

双腿：
长而有力，肌肉发达，
长有长爪

巨齿龙又名斑龙、巨龙，是一种大型肉食性恐龙，生活于侏罗纪中期巴通阶。巨齿龙拥有相当大的头部，巨大呈锯齿状的牙齿与较长的牙根固定在颌骨内，牙齿顶端向后弯曲而倒伏，像有锯齿的锋利的刀，并且十分巨大，每一颗牙齿的大小相当于当时小型哺乳动物的整个颌部，这样明显的牙齿特征表明其属于肉食性恐龙。巨齿龙的颈椎显示它们有着非常灵活的颈部，巨大而强壮的后腿能够支撑起它们全身的重量，并且前肢和后腿都长有长长的爪，这样能使它们轻易地撕开猎物坚韧的皮，然后把皮下的肉撕碎。

| 生存年代：侏罗纪中期 | 体长：7~9米 | 体重：0.9~1.5吨 | 食性：肉食 |

食性：属肉食性恐龙。

化石分布：欧洲、非洲、亚洲、大洋洲。

物种命名者：威廉姆·巴克。

考古小课堂：20 世纪 90 年代，由美国丹佛科罗拉多大学恐龙足迹专家马丁·洛克莱教授率领的古生物考察队在土库曼斯坦和乌兹别克斯坦边境上的泥滩上发现了迄今为止世界上最长的恐龙足迹化石。这些足迹是由 20 多条巨齿龙留下的，每个足印的大小约有 60 厘米，足印显示其足后跟较长。巨齿龙的足迹还显示，它们的一只脚的足印并没有落在另一只脚的前面，而在左右足印间有约 90 厘米宽的间距。科学家推测，巨齿龙很可能是像鸭子那样摇摇摆摆地走路的。

尾巴：可在行走时维持身体的平衡

趣味小课堂：巨齿龙的牙齿很大，每颗牙齿都有 10 厘米长，齿尖向后弯曲，就像一把把匕首。如此锋利的牙齿，配上深深的口裂，不难想象其猎食时候的凶猛。

你知道吗？中国古生物学者与考古学家宣称，在陕西商洛邵涧村发现了恐龙足迹，为目前我国境内最大的肉食性恐龙足迹之一，可推测该恐龙体长至少为 7.4 米。距今 1 亿年前的商洛地区属于下白垩统东河群沉积，已在此地发现了大量恐龙足迹，这也证明此地曾温暖潮湿、河道密布，非常适合恐龙居住。

角鼻龙

Ceratosaurus
科属：角鼻龙科、角鼻龙属

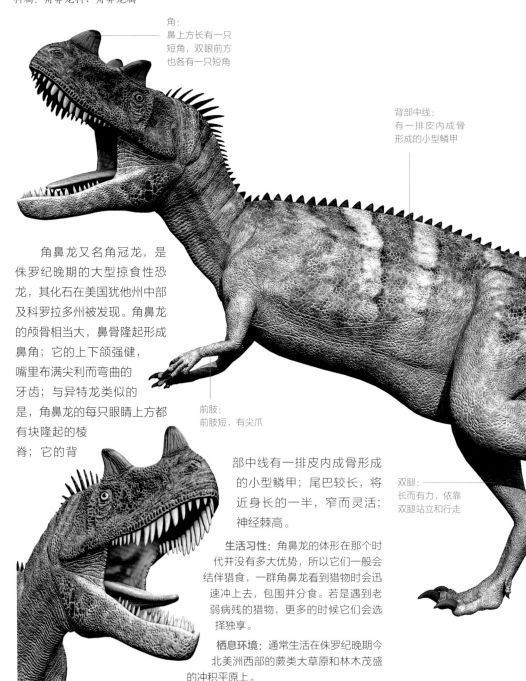

角：
鼻上方长有一只短角，双眼前方也各有一只短角

背部中线：
有一排皮内成骨形成的小型鳞甲

前肢：
前肢短，有尖爪

双腿：
长而有力，依靠双腿站立和行走

角鼻龙又名角冠龙，是侏罗纪晚期的大型掠食性恐龙，其化石在美国犹他州中部及科罗拉多州被发现。角鼻龙的颅骨相当大，鼻骨隆起形成鼻角；它的上下颌强健，嘴里布满尖利而弯曲的牙齿；与异特龙类似的是，角鼻龙的每只眼睛上方都有块隆起的棱脊；它的背部中线有一排皮内成骨形成的小型鳞甲；尾巴较长，将近身长的一半，窄而灵活；神经棘高。

生活习性：角鼻龙的体形在那个时代并没有多大优势，所以它们一般会结伴猎食，一群角鼻龙看到猎物时会迅速冲上去，包围并分食。若是遇到老弱病残的猎物，更多的时候它们会选择独享。

栖息环境：通常生活在侏罗纪晚期今北美洲西部的蕨类大草原和林木茂盛的冲积平原上。

| 生存年代：侏罗纪晚期 | 体长：4.5~6米 | 体重：0.5~1吨 | 食性：肉食 |

牙齿：
尖利弯曲

食性：属肉食性恐龙。

化石分布：美国。

物种命名者：奥塞内尔·查利斯·马什。

趣味小课堂：角鼻龙学名意为"长角的蜥蜴"，其鼻子上方生有一只短角，两眼前方也有类似短角的凸起，因此被命名为"角鼻龙"。

尾巴：
相当长，近身体的一半，比较窄，也比较灵活

你知道吗？有的古生物学家认为角鼻龙鼻子上的角是用来防卫或者搏斗的，可这根角不大，看起来无法用于打斗。另外一些古生物学家则认为，这根角只是装饰，并没有实际的用途，猜测雄性角鼻龙可能会根据角的大小来决定地位。

尾羽龙

Caudipteryx
科属：尾羽龙科、尾羽龙属

尾羽龙又名尾羽鸟，是小型的兽脚亚目恐龙，如孔雀般大小，生活于距今约1.2亿年前。尾羽龙目前有两个模式种，分别是邹氏尾羽龙及董氏尾羽龙。1997年，在中国辽宁省的义县组中发现第一具尾羽龙化石。尾羽龙的头颅骨短，呈方形，口鼻部类似喙，上颌前端只保存有少数锐利且长的牙齿。后腿修长，身躯健壮结实，因此推测它们擅长奔跑。尾羽龙的身体表面覆盖着构造简单的短绒羽，尾巴及手部有对称

牙齿：
长而锐利

双腿：
修长有力

尾巴：
尾巴较短，末端坚挺，尾椎数量少

的正羽，由于羽毛的短小、对称，以及手臂短等特征，可推测尾羽龙是不能飞的。它的尾巴短，末端坚挺，尾椎数量少。

食性：属肉食性恐龙，也有科学家认为其可能会食用植物。

化石分布：中国辽宁省。

物种命名者：库里等。

前肢：
短小，有对称的羽毛

趣味小课堂：尾羽龙是一种尾部顶端长着羽毛的兽脚类恐龙，学名意为"尾巴羽毛"，它们身上覆盖着羽毛，外观很像鸟类。尾巴顶端扇形排列的羽毛明显，羽毛有着明显的羽轴，还发育有羽片，和现代羽毛非常像，唯一的区别在于尾羽龙的羽毛是对称的，是一种较为原始的羽毛形态。

物种小知识：原始祖鸟和尾羽龙的发现为鸟类羽毛的起源问题提供了重要线索，在生物学历史上首次把羽毛分布范围扩大到鸟类之外，证明了羽毛产生在鸟类出现之前，羽毛不能再作为鉴定鸟类的唯一特征。长羽毛的动物不一定是鸟类，也有可能是栖息在地面上的肉食性恐龙。

生存年代：白垩纪早期	体长：70~90厘米	体重：约10千克	食性：肉食

北票龙

Beipiaosaurus

科属：镰刀龙超科、北票龙属

　　北票龙是一类两足行走的恐龙，生存在大约 1.25 亿年前。北票龙的化石是在中国辽宁省北票市发现的，故以此市来命名。从模式标本的皮肤痕迹来看，北票龙的身体由类似绒羽的羽毛所覆盖，就像中华龙鸟。北票龙的喙没有牙齿，但有颊齿。与其他高等的镰刀龙超科恐龙不同的是，北票龙的内趾较小，由此显示它们可能是从三趾的镰刀龙超科祖先演化而来的。相对比其他镰刀龙超科，北票龙的头部较大，下颌的长度超过股骨的一半。

头部：
较大

皮肤：
可能有羽毛覆盖

趣味小课堂： 通过北票龙身上细丝状结构的形态和分布位置可推测，该细丝状结构代表了一种皮肤衍生物，很可能与鸟类的羽毛同源。这种结构在兽脚类恐龙中分布较广，表现了向鸟类羽毛演化的初级阶段。徐星等人认为，不仅中华龙鸟和北票龙等兽脚类恐龙发育出有丝状皮肤衍生物，包括霸王龙在内的很多兽脚类都可能有类似的结构。这一发现改变了传统的恐龙形象，表明很多恐龙全身长着一种形态较原始的羽毛。因此，这些恐龙在生理上也不同于冷血爬行动物，可能具有高新陈代谢率，即使未达到典型温血动物的水平，也非常接近了。

尾巴：
又细又长

喙：
没有牙齿，
但有颊齿

前肢：
细长，有巨大的
指爪

后腿：
长而有力，依靠
后腿站立或行走

食性： 属植食性恐龙。

化石分布： 中国辽宁省北票市。

物种命名者： 徐星、唐治路、汪筱林。

生存年代：白垩纪早期	体长：约 2.2 米	体重：约 85 千克	食性：植食

重爪龙

Baryonyx
科属：棘龙科、重爪龙属

　　重爪龙又名坚爪龙，正模上的每只掌的拇趾上都有大爪，为 32 厘米。它的长颈部并不呈强烈的 S 形，头颅骨被设置成锐角，并不像其他恐龙头颅骨呈直角。这个模型标本有 96 颗牙齿，且大量呈锯齿状。鼻端可能有一小型的冠状物，上颌骨在近鼻端下侧有一转折区间，鼻孔位于上颌的较后方。

前肢：
具有镰刀状、尖端如短剑的爪子

尾巴：
较长，起到平衡身体的作用

生活习性： 爪子像镰刀，胃部有发现超过一千克的鱼骨，所以推测其很可能生活在水边，用利爪来捕鱼。抓到鱼之后，会用嘴叼住，然后到蕨树林中慢慢享用。

食性： 属肉食性恐龙，可能像鳄鱼一样以鱼为食。

化石分布： 英国、西班牙、尼日尔。化石被发现于英格兰多尔金南部的一个黏土坑以及西班牙北部等地。在英格兰发现的是一个幼年个体的大部分骨骼；在西班牙发现的只有部分头颅骨及一些足迹化石；在尼日尔发现的只有趾爪化石。

物种命名者： 艾伦·查理格、安杰拉·米尔纳。

趣味小课堂： 重爪龙头部扁长，头形很像鳄鱼，手指强而有力。所以古生物学家将其命名为"重爪龙"，意为"坚实的利爪"。尽管重爪龙的爪子足以把植食性恐龙杀死，但它的牙齿是圆锥形的，加上它独特的口部和牙齿设计，科学家们判断重爪龙不会进食 9 米以上的健康植食性恐龙。

考古小课堂： 重爪龙的发现十分偶然。1983 年 1 月的一个下午，威廉·沃克在伦敦的萨里采石场寻找化石。一块奇怪的岩石引起了他的注意，他发现埋藏在岩石里的竟然是一个长约 31 厘米的巨大爪子。他尝试着用小锤敲开岩石，结果爪子裂成了几块。这块化石一开始被当作一块鳄鱼皮的残留体，后来古生物学家决定去采石场挖出剩下的骨骼化石。可惜的是，这些骨骼化石已遭到推土机的破坏，保留下来的部分只有原有骨骼的约 65%。即使这样，这仍然是世界上保存最完整的重爪龙化石。

生存年代：白垩纪早期	体长：约 10 米	体重：约 4 吨	食性：肉食

义县龙

Yixianosaurus
科属：似鸟龙科、义县龙属

尾巴：
粗长且灵活

后腿：
粗壮有力，善于奔跑

义县龙是一种手盗龙类恐龙，生存于白垩纪早期阿普第阶的中国地区。目前仅发现的一个化石标本，是在中国辽宁省的大王杖子地层发现的，地质年代约在 1.22 亿年前，相当于阿普第阶早期。该化石包括肩带、前肢、肋骨、腹肋以及羽毛痕迹。据此分析，义县龙的掌非常长，大约是肱骨长度的 1.4 倍。义县龙有弯曲的大型趾爪，第二趾是最长的趾。

生活习性：义县龙次末端指节明显加长，这表明这种恐龙的爪有很强的抓握能力，可能是对树息习性的适应。这样的大型掌可能具有捕抓猎物或协助攀爬的功能。

食性：属肉食性恐龙。

化石分布：中国辽宁省。

物种命名者：徐星、汪筱林。

你知道吗？ 义县龙前肢的相对长度和手指指节的相对比例有别于已知的手盗龙类。原始兽脚类恐龙的前肢一般比肱骨短，而手盗龙前肢加长，比肱骨长；原始鸟类前肢相对更长，但进步的鸟类前肢次生变短。义县龙前肢的相对长度在非鸟兽脚类恐龙当中仅短于原始祖鸟和树息龙，且手指指节也明显加长。总体上看，义县龙的前肢形态和较为进步的手盗龙类更接近，因此它有可能代表这一类群中比较进步的成员。

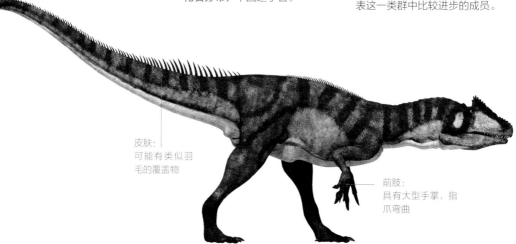

皮肤：
可能有类似羽毛的覆盖物

前肢：
具有大型手掌，指爪弯曲

生存年代：白垩纪早期	体长：约3米	体重：未知	食性：肉食

高棘龙

Acrocanthosaurus

科属：鲨齿龙科、高棘龙属

前肢：
短而粗壮，手部
都有 3 根手指，
上有指爪

高棘龙又名高脊龙、多脊龙或阿克罗肯龙，意为"有高棘的蜥蜴"，生活在白垩纪早期到中期，距今 1.2 亿至 1.08 亿年。高棘龙只有一个模式种，即阿托卡高棘龙。在美国的俄克拉何马州、得克萨斯州、怀俄明州等地都发现过它们的化石。它们的脊椎有很多部分都具有高大的神经突，因此被命名为高棘龙，这些神经突支撑着由肌肉所构成的隆脊，从颈部延伸到背部、臀部。高棘龙的头颅骨长、低

双腿：
粗壮，脚掌有 4
根脚趾，第一趾
小无法接触地面

牙齿：
弯曲，呈锯齿状

矮、狭窄，眶前孔相当大，能减轻头颅骨的重量。它们有着弯曲的锯齿状牙齿。前肢较短但是粗壮，掌部有 3 根指，上有指爪。双腿粗壮。尾巴又长又重，能平衡头部与身体的重量。

| 生存年代：白垩纪早中期 | 体长：约 10 米 | 体重：约 5 吨 | 食性：肉食 |

尾巴：
长而重，可平衡头部与身体的重量，将重心保持在臀部

生活习性： 由于高棘龙的前肢前摆幅度不大，不能勾抓猎物的背部，所以其可能主要用嘴部来猎食。当猎物想要逃脱时，高棘龙可以用弯曲的第一、第二指爪刺透猎物的身体。一旦猎物被抓到身旁，高棘龙就可以使用颚部吞咬它们。

背部：
背上的棘状凸起最短也有 20 厘米，最长达 50 厘米

食性： 属肉食性恐龙。

化石分布： 美国得克萨斯州、俄克拉何马州、怀俄明州。

物种命名者： 沃恩·兰斯顿等。

趣味小课堂： 和人类相比，高棘龙肩膀的转动范围很小，手臂无法完全伸直，也不能大幅弯曲，手臂无法做出 360° 的旋转；手肘活动范围也很小，大约仅有57° 的转动幅度；肱骨不能做出90° 的弯曲；桡骨与尺骨相互固定，所以不能像人类的前臂那样，做往内侧或外侧旋转的动作。高棘龙的前肢无法接触地面，所以没有行走的功能，仅在猎食时发生作用。研究推测，当高棘龙休息的时候，前肢从肩膀下垂，肱骨微向后摆，指爪朝内。

单爪龙

Mononykus

科属：阿瓦拉慈龙科、单爪龙属

尾巴：
细长，覆有羽毛

单爪龙生活在上白垩纪的蒙古，距今约7 500 万年。其名字意为"单一的爪"，是因为它们的前肢只有一个爪子。目前仅发现一个标本，包含部分骨骼、头颅骨的碎片、完整的脑壳，缺少尾巴。单爪龙是一种小型恐龙，身长约 1 米，有着奇特而短粗的前肢，前肢上有一个约 10 厘米长的指爪，另外两个指爪则已退化消失，指骨、尺骨与肱骨的长度非常接近，胸骨具有较大的龙骨突。单爪龙有一副轻盈的骨骼，一条长长的尾巴与苗条的双腿，这表明它们可以迅速地奔跑。科学家们根据它们奇特的指爪推测，单爪龙会以此来挖开白蚁巢。

生活习性：生活在沙漠环境中，双脚长而敏捷，加上柔韧的脖子，使其可以快速奔跑。单爪龙的头部较小，牙齿小而尖，这表明它们是以小型动物为食的。眼睛大，所以可以在较少有掠食动物的夜晚进行猎食。

食性：属肉食性恐龙，食昆虫和小型动物。

双腿：
细长而敏捷，能快速奔跑

前肢：
短小，只有一个爪子，并且粗壮结实

化石分布：蒙古。

物种命名者：珀尔等。

趣味小课堂：科学家发现，单爪龙的几个重要特征都与鸟类有关。比如龙骨突，是鸟类的典型特征；又比如退化的腓骨，也是鸟类有的特征。单爪龙也有很多特征是属于恐龙的，比如长有牙齿、长长的尾巴以及分离的跗骨等。

| 生存年代：白垩纪晚期 | 体长：约 1 米 | 体重：未知 | 食性：肉食 |

帝龙

Dilong

科属：暴龙超科、帝龙属

帝龙是一种具有羽毛的小型恐龙，其化石是从中国辽宁省北票市的义县组陆家屯发现的，距今约有 1.25 亿年。帝龙是最早、最原始的暴龙超科之一，且有着简易的原始羽毛。帝龙共有 4 具标本，均保存完好，模式标本是一个几乎完整的部分关节仍连接着的头骨与骨骼。在帝龙的下颌及尾巴上可以看到羽毛痕迹，由于这些羽毛缺少了中央的羽轴，因此推测它们的羽毛是用来保暖而不是用来飞行的。帝龙的发现证明了霸王龙类早期的祖先类型是小型的，其后慢慢演化为巨大的霸王龙。此外，帝龙覆盖着羽毛的事实再一次证明了兽脚类恐龙和鸟类有着共同的祖先。

尾巴：
细长，可能覆盖有羽毛

前肢：
细小，长有利爪

牙齿：
比较锋利

后腿：
后腿比前肢长，同样比较细，可以支撑站立

食性： 属肉食性恐龙。

物种命名者： 徐星、匡学文、汪筱林、赵祺、贾程凯。

化石分布： 中国辽宁省北票市陆家屯。

物种小知识： 帝龙化石保存得极好，头骨基本是完整的，可以在帝龙的下颌及尾巴看到羽毛痕迹。2004 年，徐星等人认为，在暴龙超科恐龙身体不同部分的皮肤上，分别覆盖着鳞片或羽毛。他们还认为，有可能幼龙有羽毛，但成长之后会脱落，因为成年帝龙不再需要羽毛来保暖。

| 生存年代：白垩纪中期 | 体长：约 1.5 米 | 体重：未知 | 食性：肉食 |

奥古斯丁龙

Agustinia
科属：泰坦龙科、奥古斯丁龙属

背部：
背部中线有着一连串垂直的宽尖刺及宽骨板

奥古斯丁龙生存于白垩纪的南美洲，是四足的植食性恐龙。奥古斯丁龙的化石被发现于阿根廷的内乌肯省，年代估计可追溯至白垩纪的阿普第阶至阿尔布阶，化石不完整且破碎。奥古斯丁龙的背部中线有着一连串垂直的宽尖刺及宽骨板，这是其显著特征。

头部：
不大

四肢：
健壮，利于行走，是四足行走的恐龙

颈部：
较长

体形：
巨大，可达 15 米

食性：属植食性恐龙。

化石分布：阿根廷。

物种命名者：约瑟·波拿巴。

趣味小知识：奥古斯丁龙的名字是为纪念其发现者奥古斯丁·马蒂内利，它最初于 1998 年由著名的阿根廷古生物学者约瑟·波拿巴所命名，但由于之前的属名已由一种甲虫所有，故波拿巴于 1999年将其属名进行更改，并建立奥古斯丁龙科，以包含奥古斯丁龙。奥古斯丁龙只有一个种，学名为利加布奥古斯丁龙。种名是为了纪念慈善家利加布博士，他曾资助发掘此恐龙的化石。奥古斯丁龙科的科名没有被广泛接受，因为奥古斯丁龙的化石过于碎裂，难以被分类。

尾巴：
细长，灵活性强

你知道吗？ 奥古斯丁龙拥有独特的装甲，背部有一连串垂直的宽尖刺和宽骨板，很像剑龙。奥古斯丁龙有着小脑袋、长脖子和巨大的身体，此外，其长长的尾巴也是非常显著的特征，奥古斯丁龙的尾巴长度可达整个身长的一半。

生存年代：白垩纪早期	体长：约15米	体重：未知	食性：植食

秘龙

Enigmosaurus
科属：镰刀龙科、秘龙属

秘龙正模标本在 1979 年发现于蒙古东南部的巴彦思楞组，地质年代相当于白垩纪晚期的森诺曼阶到土仑阶。其化石只有一个接近完整的骨盆，缺少部分右坐骨。由于其神秘、独特的骨盆形状，它被命名为"神秘的蜥蜴"。从化石可以看出，秘龙坐骨前端的坐骨突低矮，水平方向延长。

体形：
较大，长可达 7 米，
重约 1 吨

尾巴：
粗短

食性：属植食性恐龙。
化石分布：蒙古。
物种命名者：瑞钦·巴思钵等。

你知道吗？秘龙的化石材料只有一个不完整的骨盆，由两侧各三块骨头组成。基于此，有专家认为秘龙与死神龙是相同的动物。与北票龙相比，秘龙已经进化。

生存年代：白垩纪晚期	体长：5~7 米	体重：约 1 吨	食性：植食

死神龙

Erlikosaurus
科属：镰刀龙科、死神龙属

死神龙又叫鄂力克龙。死神龙的化石标本包含相当完整的头骨、颈椎、肱骨与骨盆等，发现于蒙古的巴彦思楞组，地质年代约在 8 000 万年前。模式种为安德鲁死神龙。它的上下颌前端无齿；外鼻孔横向延伸；次生颚发育良好；骨盆的耻骨向后，类似鸟臀目恐龙。死神龙是植食性恐龙，具有喙状的嘴，用来咬碎植物。像其他镰刀龙一样，死神龙长有羽毛，但无法飞行，其爪子更锐利、发达。

食性：由肉食性恐龙进化来的植食性恐龙。
化石分布：蒙古。
物种命名者：珀尔。

身上：
可能长有羽毛

嘴部：
喙状嘴，用来
咬碎植物

趣味小知识：死神龙意为"死亡之神的恐龙"，命名源于蒙古神话传说中的死亡之神，由吃肉的猛兽演化而来。死神龙和其他镰刀龙科一样，无法飞行，比较笨重，很容易受到阿基里斯龙和独龙的袭击。遇到危险的时候，死神龙会用大爪子进行自卫。

生存年代：白垩纪晚期	体长：5~6 米	体重：约 160 千克	食性：植食

玛君龙

Majungasaurus
科属：阿贝力龙科、玛君龙属

头部：
口鼻部上方的表面不平，头顶的固定额骨有个明显的半球形角状物

玛君龙又名玛宗格龙，是一种二足掠食性恐龙，生存于白垩纪末期。玛君龙的头颅骨宽度较宽，且有粗糙不平的表面，鼻骨很厚，互相固定，鼻骨的下半部有个低鼻脊，头顶有个明显的半球形角状物。它有短齿冠的牙齿，上颌骨与齿骨分别有 17 颗牙齿。颈部强壮结实，前肢较短，趾间没有肌腱，根据趾骨的连接程度判断它的掌与趾并不灵活。脚部有 3 根具功能性的脚趾，最小的第一趾不接触地面。尾巴长，能平衡头部与胸部，使得重心位在臀部。

前肢：
短而结实，手掌不灵活

牙齿：
有短齿冠，上颌骨与齿骨分别有17颗牙齿

生活习性： 玛君龙头颅上的装饰物最为特殊，这些结构可能用作物种内竞争，但具体的功能还没有确定。额角内部的中空结构可能会使得额角很脆弱，并会妨碍额角在撞击上的使用，所以这些角状物可能只是作为装饰物而存在的。对于玛君龙来说，最血腥的是同类相食。古生物学家在玛君龙的骨骼化石上发现有恐龙齿痕，经测量，该齿痕与玛君龙牙齿的大小和间隙完全匹配。

食性： 属肉食性恐龙。

生存年代：白垩纪晚期	体长：约 7 米	体重：约 1.2 吨	食性：肉食

颈部：
强壮，充满肌肉

尾巴：
较长，可以平衡头
部与胸部，使重心
在臀部

双腿：
有3根具有功能的脚
趾，而最小的第一
趾并未接触到地面

化石分布：马达加斯加。

物种命名者：拉沃卡。

你知道吗？玛君龙可能采用类似
现代猫科动物的猎食方式捕猎，用短
且宽广的口咬住猎物不放，直到猎物被
自己制服。

分支龙

Alioramus
科属：暴龙科、分支龙属

分支龙又名歧龙、阿利奥拉龙，生活于白垩纪的蒙古。分支龙的头颅骨长而低矮，外形类似原始暴龙超科以及幼年暴龙科的头颅骨，分支龙有凹凸不平的鼻部，其鼻骨互相愈合，上有一排骨质瘤，沿着鼻骨接合处排列，共 5 个。分支龙的上颌及下颌都有很多牙齿，颈脊较厚，下颌修长。以两足行走，胫骨与趾骨长，两者总长约等于股骨。前肢小，上有两指。长尾巴可平衡头部与身体的重量，将重心维持在臀部位置。

前肢：
特别短小，上有
两指

牙齿：
上颌及下颌都有很
多牙齿，数量比已
知的暴龙科更多

生存年代：白垩纪晚期	体长：5~6 米	体重：约 1 吨	食性：肉食

生活习性：分支龙的体形在与大型植食性恐龙对抗时不占优势，但它们会用蛮力让自己不落下风。很多凶狠的肉食性恐龙在遭受激烈反抗或受伤之后，会选择暂时退却，但分支龙则会选择死缠烂打，轻易不会罢休。之前有在分支龙化石上发现齿痕，并在周围发现大型植食性恐龙的化石，这很可能是在双方厮杀过程中，植食性恐龙给分支龙留下的伤痕。

尾巴：
长，可平衡头部与身体的重量，将重心维持在臀部位置

下颌：
坚硬，结实

双腿：
长而强壮

食性：属肉食性恐龙。

化石分布：蒙古。

物种命名者：谢尔盖·库尔扎诺夫。

你知道吗？分支龙的属名意为它们属于另一个全新的暴龙亚科分类单元，其种名在拉丁文中意为"遥远"，也是指其差异性。模式种有两个，分别是遥远分支龙和阿尔泰分支龙。

天青石龙

Nomingia
科属：近颌龙科、天青石龙属

天青石龙是一种偷蛋龙下目恐龙，生活于白垩纪晚期。它的正模标本于 1994 年发现于蒙古，地质年代相当于白垩纪晚期的马斯特里赫特阶，其化石包括大部分脊椎、骨盆以及左胫跗骨，模式种是戈壁天青石龙。据估计，天

嘴部：喙状嘴

尾巴：末端具有类似尾综骨的固定脊椎骨，可能长有羽毛

青石龙的身长约 1.7 米，体重约 20 千克，是中型偷蛋龙类恐龙。天青石龙的口鼻部扁而长，上颌部有转折区间，有矢状头冠，从口鼻部延伸至头顶，尾巴末端具有类似尾综骨的固定脊椎骨，根据

科学家推测，该处可能有一丛羽毛。它的头上拥有冠饰，喙状嘴。

食性：属肉食性恐龙。
化石分布：蒙古。
物种命名者：巴思钵等。

生存年代：白垩纪晚期	体长：约 1.7 米	体重：约 20 千克	食性：肉食

二连龙

Erliansaurus
科属：棘龙科、激龙属

二连龙生活于白垩纪，正模标本被发现于内蒙古地区的二连组地层。发掘出的二连龙化石并不完整，仅有 5 个来自颈椎、背椎和尾椎的脊椎骨，还有右肩胛骨、左前肢（缺少腕骨）、部分骨盆、右股骨、左右胫骨、右腓骨以及数

颈部：较短

前肢：指爪巨大、弯曲，呈尖状

块趾骨。与其他镰刀龙科恐龙相比，二连龙的颈部较短，胫骨较长，腓骨的形状独特，顶端有个凹处。指爪巨大、弯曲、呈尖状，拇指指爪是最大型的指爪。

食性：属肉食性恐龙。

化石分布：中国内蒙古二连浩特。
物种命名者：张晓虹、谭琳。

生存年代：白垩纪早期	体长：约 4 米	体重：2~3 吨	食性：肉食

葬火龙

Citipati

科属：偷蛋龙科、葬火龙属

葬火龙生活于白垩纪的蒙古，化石发现地点为戈壁沙漠乌哈托喀的德加多克塔组。模式种是奥氏葬火龙，另一个标本未被命名。葬火龙有着几组保存完好的骨骼，包括几个在巢中孵蛋的标本，因此是最出名的偷蛋龙科恐龙之一。葬火龙最为显著的特征是它有着高头冠。它们的头颅骨很短，有很多洞孔，喙嘴坚固，没有牙齿。它们的颈部较其他兽脚亚目长，前肢长，有三指，可抓握，指上有弯曲的指爪。胫骨与足部长，显示它们可以高速奔跑。尾巴较短。

前肢：
比其他同类长，有尖指，可以抓握

头冠：
最为显著的特征就是它的高头冠

颈部：
较长

生活习性： 葬火龙的前肢较长，上有三指，指上有弯曲的指爪，可帮助进食。胫骨和足部很长，能够快速奔跑。古生物学家发现的一具葬火龙化石，保持着孵蛋的姿势，它用前肢小心地保护着巢穴中的蛋。这一发现证明了葬火龙很有可能和现在的鸟类一样，有孵蛋的习性。

尾巴：
较短

你知道吗？ 最大的葬火龙有鸸鹋一般大，约有3米长，在2007年巨盗龙出土之前，葬火龙是世界上最大的偷蛋龙科恐龙。葬火龙的高冠状物很显眼，外表和现在的鹤鸵相似。

脚部：
支撑力比较强，可以高速奔跑

食性： 从肉食性恐龙演化而来，属于杂食性或植食性恐龙。

化石分布： 蒙古，戈壁沙漠乌哈托喀的德加多克塔组。

物种命名者： 詹姆斯·克拉克、马克·诺瑞尔、瑞钦·巴思钵。

趣味小课堂： 葬火龙的学名来自梵语，意为"火葬柴堆的主"，在藏传佛教神话中，意为"尸林主"，是两个在默想中被强盗斩首的僧侣。通常会以两个被火焰包围且正在跳舞的骨骼来代表尸林主，因此被用来命名骨骼保存完好的葬火龙。

生存年代：白垩纪晚期	体长：约2米	体重：未知	食性：杂食

棘龙

Spinosaurus
科属：棘龙科、棘龙属

　　棘龙是兽脚亚目恐龙，生活于白垩纪阿尔布阶到马斯特里赫特阶。棘龙的显著特征为背部有明显的长棘，这些长棘是由脊椎骨的神经棘延长而成的，长度可达 1.7 米，据推断长棘之间有皮肤连接，形成一个巨大的帆状物。棘龙的口鼻部较窄，前端略微膨大，布满笔直的圆锥状牙齿。类似其他的棘龙科恐龙，牙齿缺乏锯齿边缘。眼睛前方有一个小型突起物。前肢比后腿要小一些，用两足行走。至于棘龙背上那奇特的帆状棘，科学家对它的功能有许多推测，其中最有可能的，这些帆状棘是用来调节体温的。

尾巴：
直挺，能维持身体平衡

| 生存年代：白垩纪 | 体长：12~17 米 | 体重：10~15 吨 | 食性：肉食 |

栖息环境：生存于当时的湿地环境。

食性：属肉食性恐龙，以中小型鱼类为食，也会食用腐肉。

化石分布：摩洛哥、埃及。

物种命名者：恩斯特·斯特莫。

背部：
背上有奇特的帆状的棘，可能是用来调节体温的

双腿：
强壮有力，依靠双腿站立和行走

你知道吗？棘龙早已出现在大众的恐龙书籍里，在电影《侏罗纪公园3》中也出现过棘龙的身影。《侏罗纪公园3》中，棘龙与霸王龙战斗，并杀死了霸王龙，因此引起了霸王龙和棘龙到底谁更厉害的争论。实际上棘龙生活的年代比霸王龙早一些，且这两种恐龙生活在不同的大陆，所以几乎不可能相遇。2014年12月初，美国国家地理频道放映的科教片中，首次将对棘龙的最新科研发现成果展示给大众，并第一次把棘龙描述成四足的水陆两栖恐龙。

牙齿：
笔直，呈圆锥状

生活习性：棘龙是目前已知的世界上最长的肉食性恐龙。棘龙的身体构造，尤其是头骨、牙齿，显示其非常适应捕鱼生活，且其上下颌既长又窄，可以紧密嵌合，非常适合固定住身体滑溜的鱼。据推测，棘龙生活在海滨和河流附近。研究还表明棘龙存在一定的亲水习性，这可能是为了减轻体重并提高行动速度，也可能是为了在炎热的夏天有效降低其体表温度。

伤龙

Dryptosaurus
科属：伤龙科、伤龙属

伤龙生活于白垩纪的北美洲东部。伤龙的化石发现较少，只有部分身体骨骼。模式种为鹰爪伤龙。根据现存的少量化石推测，伤龙的体长为约 7.5 米，体重约为 1.5 吨。伤龙有较长的手臂，上有 3 根手指，每根手指上都有长

有达 8 厘米的指爪。伤龙最开始由古生物学家爱德华·德林克·科普命名为暴风龙，后因重名问题被奥塞内尔·查利斯·马什更名为伤龙。

食性： 属肉食性恐龙。

化石分布： 北美洲东部。

物种命名者： 奥塞内尔·查利斯·马什。

你知道吗？ 1866 年，爱德华·德林克·科普在新泽西州发现了一

体形：
较大，长超过 7 米，重约 1.5 吨

尾巴：
粗且长

前肢：
有较长的手臂与 3 根长约 8 厘米指爪的手指

副不完整的骨骼，将其命名为暴风龙，名字来源于希腊神话中的猎犬莱拉普斯，据说可以捉到世上所有的猎物。之后发现暴风龙的学名被一类厉螨属所有，所以奥塞内尔·查利斯·马什在 1877 年将其改名为伤龙。

生存年代：白垩纪晚期	体长：约 7.5 米	体重：约 1.5 吨	食性：肉食

鸟面龙

Ornithopsis
科属：阿瓦拉慈龙科、鸟面龙属

鸟面龙生活于距今约 7 500 万年的白垩纪，模式种是沙漠鸟面龙，其化石于 1998 年被发现。鸟面龙是一种体形小巧的恐龙，是已知最小型的恐龙之一。鸟面龙的颌部修长，有细小的牙齿，前肢

短小却强壮。鸟面龙可以用前肢挖开昆虫的巢，而细长的灵活的嘴部则可用来吸食昆虫。鸟面龙的后腿修长，但脚趾很短，由此可见擅长快速奔跑。另外，通过对鸟面龙的化石进行化学分析，可知其长有羽毛。

食性： 属肉食性恐龙。

化石分布： 英国、美国犹他州。

物种命名者： 卡普、诺雷尔、克拉克。

尾巴：
细长

前肢：
短却粗壮，用来挖开昆虫的巢

双腿：
修长，脚趾短，能快速奔跑

你知道吗？ 鸟面龙的后肢修长，但脚趾很短，所以可以推测出它们的奔跑能力很强。尽管之前鸟面龙被认为前肢只有一指，但新标本显示有退化的第二指及第三指。它们可以利用前肢来挖昆虫的巢，用细长的嘴部来吸食昆虫。

生存年代：白垩纪晚期	体长：约 60 厘米	体重：约 2.5 千克	食性：肉食

似鸡龙

Gallimimus

科属：似鸟龙科、似鸡龙属

似鸡龙化石于蒙古耐梅盖特地层中被发现，年代为上白垩纪马斯特里赫特阶，模式种为风力似鸡龙。似鸡龙的身上长满了鸟类一样的羽毛，外形像一只大鸵鸟。头部较小，眼睛大，脖子长，没有长牙齿，前肢长着 3 个爪，爪非常锋利，后腿细长，善于高速奔跑，尾巴长而硬挺，可平衡头部与颈部的重量。它们以植物为食，偶尔也用喙抓小昆虫吃，甚至还能捕食蜥蜴。

生活习性： 似鸡龙的眼睛长在头部的两侧，所以可以获得全方位的视野。似鸡龙身材高大，前肢纤细，后肢又长又瘦，一步可以跨出很远，所以可以跑得很快。这可以帮助它们快速逃脱敌人的追捕和猎食。每只前爪有三指，爪子很锋利，但撕不开肉，也不能很好地抓取东西，只能用来捕食蜥蜴，或者从泥土中挖出动物的蛋。

食性： 属杂食性恐龙，以植物和昆虫为食。

化石分布： 蒙古南部戈壁。

物种命名者： 奥斯莫斯卡、罗尼威克斯、巴斯伯德。

趣味小课堂： 似鸡龙的名字意为"类似家禽"，从遗骸来看，古生物学家认为似鸡龙可能是最大型的似鸟龙。似鸡龙长得很像鸟，但并不是鸟，也不会飞，外形很像现在的大型鸵鸟，但没有羽毛和翅膀。似鸡龙生活在 7 000 万年前白垩纪晚期的半沙漠地区。

头部：
较小，眼睛比较大

颈部：
较长

前肢：
有 3 个爪，爪非常锋利，能够抓捕食物

后腿：
精瘦，细长

尾巴：
长而硬挺，可平衡头部与颈部的重量

生存年代：白垩纪晚期	体长：4~6 米	体重：400~500 千克	食性：杂食

河源龙

Heyuannia
科属：偷蛋龙科、河源龙属

体形：
小，长 1.5 米，
重约 20 千克

前肢：
手臂和手指短，
拇指退化

口鼻：
口部无牙，
口鼻部短而
上下高

　　河源龙又称黄氏河
源龙，生活于白垩纪晚期。
河源龙是第一只在中国发现
的偷蛋龙科恐龙，发现于广东省
河源市，而其他大部分偷蛋龙科化石
发现于蒙古。河源龙的正模标本发现于
大塱山组地层，包括部分身体骨骼、头颅
骨。据估计，河源龙的身长约为 1.5 米，体重
约为 20 千克，是一种中型的偷蛋龙类。河源龙
的头颅骨缺乏牙齿，口鼻部短而上下高，前肢
及指很短，拇指已经退化。据研究河源龙的肩
带结构，显示偷蛋龙类是一群失去飞行能力的
鸟类。

食性： 属肉食性恐龙。

化石分布： 中国广东省河源市。

物种命名者： 吕君昌。

考古小课堂： 中国科学院研究员吕君昌认为，1999 年
7 月在河源市出土的 7 具化石是白垩纪晚期的偷蛋龙，
其身体构造与鸟类非常接近。为纪念河源市博物馆馆
长黄东所作出的贡献，官方决定将这些恐龙命名为
"黄氏河源龙"。1999 年，因为资金紧缺，发掘工作

没能够继续下去，进而导致发掘
出的骨骼化石不全，成为无头龙。
2003 年 12 月 28 日，河源市再次
挖掘出恐龙骨骼化石，经过确认，
其与黄氏河源龙为同一整体。

你知道吗？《国家重点保护古生物
化石名录（首批）》中，黄氏河源
龙被列为国家一级重点保护古生
物化石。黄氏河源龙化石进一步
提供了关于偷蛋龙类发现于蒙古
戈壁滩之外的确凿证据，并为偷
蛋龙的鸟类地位提供了标本。

| 生存年代：白垩纪晚期 | 体长：约 1.5 米 | 体重：约 20 千克 | 食性：肉食 |

寐龙

Mei
科属：伤齿龙科、寐龙属

　　寐龙是伤齿龙科恐龙，体形只有鸭一般大小。寐龙在伤齿龙科中较独特，它们的外鼻孔大，骨盆结构类似鸟类。身上有羽毛，所以看上去很像一只小鸟。脑袋相对较短，嘴巴上有一对很大的鼻孔，在眼眶孔中有一双又圆又大的眼睛。嘴巴中有两排锋利的牙齿，这些牙齿向后弯曲，末端尖锐。

生活习性：前肢较长，可以用来抓握食物。后腿健壮，且身体重量很轻，所以非常灵活敏捷。它们不仅在地面上活动，遇到危险的时候还可以爬到树上。寐龙在睡觉的时候很像鸟，会把脑袋藏在前肢下面，后腿蜷缩在身下，然后把长尾巴绕在身边。这样的姿势减少了表面积，利于抵御体温下降。

体形：
鸭一般大小

尾巴：
为羽尾，末端呈扇形

后腿：
较长，蜷缩在身下

栖息环境：寐龙发现于热河群义县组地层，生存环境中丘陵起伏，树林茂盛，湖泊散布。

食性：属肉食性恐龙，会猎食哺乳动物和昆虫。

化石分布：中国辽宁省北票市。

物种命名者：徐星、马克·诺雷尔。

你知道吗？寐龙的化石最先于 2004 年在中国辽宁省发掘出来。寐龙的化石被发现时，其后腿蜷缩于身下，头埋在一个前肢下面，呈睡眠状，因此将其命名为"寐"，这也是首次发现的死前处于睡眠状态的恐龙化石。寐龙的这种睡眠状态与现代鸟类相似，采用这种睡眠方式可以显示它们是温血动物，也证明了许多的鸟类特征已出现在恐龙进化早期。

生存年代：白垩纪	体长：约 53 厘米	体重：约 2 千克	食性：肉食

伤齿龙

Troodon
科属：伤齿龙科、伤齿龙属

　　伤齿龙又名锯齿龙，生活
于 7 500 万至 6 600 万年
前的白垩纪晚期。伤齿龙的
眼睛大而敏锐，牙齿呈锯齿
状，边缘的锯齿非常尖。有着修
长的后腿，这意味着它们可以快速奔跑。前
肢可以像鸟类一样往后折起，而掌部拥有可
做出相对动作的拇指。第二脚趾上拥有大型
的、可缩回的镰刀状趾爪，在奔跑时可
能会抬起。

生活习性： 伤齿龙的四肢修长，可以
快速奔跑。有大眼睛，可能会有夜
间行动，也有可能以夜间行动的动物
为食。眼睛的位置较为向前，所以伤齿龙可能拥有
深度视觉。脑袋相对于身体来说很大，说明它们是
比较聪明的恐龙。

颈部：
修长、灵活

足部：
第二趾有镰
刀状利爪

| 生存年代：白垩纪晚期 | 体长：约 2 米 | 体重：约 60 千克 | 食性：杂食 |

化石分布：美国、加拿大、中国。

食性：属杂食性恐龙，主要以肉食为主。

物种命名者：约瑟夫·莱迪。

双腿：
细长，关节灵活

脑部：
大，可能很聪明

尾巴：
细长灵活，尖端具有长尾羽

趣味小课堂：研究发现，伤齿龙标本的骨头缺乏吸收骨髓骨的迹象，经过研究，科学家们认为雌性伤齿龙没有孵化蛋的习性，而是由雄性伤齿龙孵化蛋。另外，科学家们也认为当时的手盗龙类和原始鸟类也有相同的习性。

你知道吗？伤齿龙是最聪明和强壮的恐龙之一，其脑容量与体形相比而言较其他恐龙大。有科学家认为伤齿龙的智商可能和鸵鸟相近，比任何爬行动物都要聪明。

阿瓦拉慈龙

Alvarezsaurus

科属：阿瓦拉慈龙科、阿瓦拉慈龙属

尾巴：
较长

双腿：
长，能快速奔跑

阿瓦拉慈龙生活于白垩纪晚期。阿瓦拉慈龙的化石发现于阿根廷，模式种为卡氏阿瓦拉慈龙。据估计，阿瓦拉慈龙身长约 2 米，体重约 20 千克，是一种敏捷的小型兽脚类恐龙。阿瓦拉慈龙是两足行走的，具有长长的尾巴，根据其脚部结构推测，它们可能是可以快速奔跑的恐龙。

食性： 属肉食性恐龙，食蜥蜴、小型哺乳动物和爬虫等。

化石分布： 阿根廷。

物种命名者： 约瑟·波拿巴。

你知道吗？ 中美科学家发现了年代更久远的阿瓦拉慈龙化石，大大提前了鸟类祖先出现在地球上的时间。它们与现代鸟类有很多相似特征，比如两条腿上各有 4 个脚趾，但不同之处在于，它们的第一个脚趾朝向侧面，其他三个朝前，而现代鸟类第一个脚趾朝后，其他朝前。它们的"手"比较特别，每只"手"上都有 3 根"手指"，中间那根比另外两根长。科学家认为，虽然阿瓦拉慈龙有很多和鸟类相似的特征，但它们仍属于典型的肉食性恐龙，不属于鸟类。

体形：
较小

前肢：
大而呈钩状

生存年代：白垩纪晚期	体长：约 2 米	体重：约 20 千克	食性：肉食

激龙

Irritator
科属：棘龙科、激龙属

激龙的化石发现于巴西桑塔纳组，只有一个头颅骨，缺少上下颌前段。据推测，激龙的身长有 8 米，背部高度约为 3 米，体重 2~3 吨，是大型的二足类肉食性恐龙。2011 年，在巴西发现了激龙的一个几乎完整的骨盆、一根大腿骨、一些背部骨头、一根肋骨。

生活习性：牙齿直而长，呈圆锥状，没有锯齿状边缘，适合捕食如鱼一样易滑的猎物。鼻孔位于头骨后方，还有次生颚，这使它们可以把头浸在水下捕食鱼类。

四肢：
较为健壮，
前肢较短

口鼻：
扁而长

栖息环境：激龙生活于白垩纪早期，地质年代约在 1.1 亿年前，当时非洲和南美洲的巴西地区仍然连接在一起。该地区过去可能是河口湖的沉积层，同时有淡水和咸水。

食性：属肉食性恐龙，以水生和陆生动物为食。

化石分布：巴西。

物种命名者：大卫·马提尔等。

生存年代：白垩纪早期	体长：7~8 米	体重：2~3 吨	食性：肉食

非凡龙

Quaesitosaurus
科属：纳摩盖吐龙科、非凡龙属

非凡龙又名异常龙，生活于白垩纪晚期的桑托阶到坎帕阶。它的化石发现于蒙古的巴鲁恩戈约特组，只有部分头骨。它的头部特征类似于梁龙，头骨长而低矮，外形类似马，嘴部前段有钉状牙齿。纳

摩盖吐龙可能是非凡龙的生物变异个体，或者近亲。

食性：属植食性恐龙。

化石分布：中国、蒙古。

物种命名者：库尔扎诺夫、班尼科夫。

背部：
背部中线有棘，
延伸至尾巴

头部：
头骨长而低矮

牙齿：
嘴部前段有钉
状牙齿

体形：
巨大，外形类似马

生存年代：白垩纪晚期	体长：约 23 米	体重：未知	食性：植食

巨兽龙

Giganotosaurus
科属：鲨齿龙科、南方巨兽龙属

牙齿：
呈锯齿状

巨兽龙又名南巨龙、南方巨兽龙、
巨型南美龙，生活于 1 亿至 8 000 万年前的
白垩纪中晚期。其化石是 1993 年在阿根廷
南部巴塔哥尼亚的利迈河组地层中发现的，
正模标本化石完整度约为 70%，包括头颅
骨、盆骨、大腿骨及大部分脊骨。巨兽龙身
长 约 14 米，体重 6~8 吨，
是巨大的陆地肉食性恐
龙之一。巨兽龙的头颅
骨很大，是异特龙的两倍，牙齿的长度约为
20 厘米。巨兽龙的嗅觉区发展得很好，
可见其有很好的嗅觉。前肢有 3 指，
上有利爪，腿部巨大结实，尾巴修长而
末端尖细。

头颅：
头部很大，是异
特龙的两倍大

前肢：
短小

| 生存年代：白垩纪中晚期 | 体长：约 14 米 | 体重：6~8 吨 | 食性：肉食 |

生活习性： 它们的牙齿锋利，每颗牙齿就像锐利的匕首一样，边缘还有锯齿，所有的牙齿都向后弯曲，非常善于切割，可以撕裂猎物的肉，还可以防止咀嚼的过程中肉从嘴里掉出来。如果有牙齿脱落，新的利齿可以很快长出来填补空缺。

前肢：
有三指，上有利爪

尾巴：
很长，末端又尖
又细

双腿：
结实有力，能够
支撑身体站立和
行走

食性： 属肉食性恐龙。

化石分布： 阿根廷巴塔哥尼亚。

物种命名者： 罗多尔夫·科里亚、利安纳度·萨尔加多。

趣味小课堂： 虽然没有前肢部位的化石被发现，但根据其近亲马普龙的化石进行研究，可以推测出它们的前肢可能非常小，且活动范围很小，只能向前移动 25°，甚至连自己的嘴巴也够不到，前伸也伸不过自己的长脑袋。加上其脖子修长，脑袋也很长，所以显得前肢位置很靠后。因此，它们的前肢是基本无法先于嘴巴碰触到猎物的。科学家们一致认为，巨兽龙前肢的主要作用应该是保存平衡，特别是用来平衡它们的头颅和颈部。

霸王龙

Tyrannosaurus
科属：暴龙科、暴龙属

体形：
巨大

头部：
上颌宽下颌窄，有利
于咬断骨骼

霸王龙又名雷克斯暴龙，是已知最著名的陆地掠食性恐龙之一，也是最大的兽脚亚目恐龙之一。霸王龙拥有巨大的头颅骨，头骨沉重。眼睛不太大，双眼向前，视觉比较好，具有立体视觉。牙齿特别发达，甚至能咬食重达 2 吨的食物。颈骨较短。前肢特别细小，双腿却比较长，而且很粗壮，肌肉也很发达，这个特点使霸王龙能够适应在森林、沼泽里长途行走。霸王龙主要借助长长的尾巴来保持身体的平衡。据推测，霸王龙是在距今 6 600 万年的白垩纪至第三纪灭绝事件中灭绝的。

牙齿：
呈圆锥状，锋利，适
合咬碎骨头

生存年代：白垩纪晚期	体长：11~14 米	体重：6~14 吨	食性：肉食

前肢：
非常细小，可能其
作用仅为用来平衡
巨大的头部

尾巴：
保持身体平衡

栖息环境：霸王龙发现地附近仍有霸王龙时代的针叶植物和其亲缘植物，当时的环境景物与美国的和乔治亚州南部相似。

化石分布：美国、加拿大、墨西哥。

食性：属肉食性恐龙。

物种命名者：亨利·费尔费尔德·奥斯本。

趣味小课堂：科学家们曾无法明白霸王龙何以长得如此之大，据《纽约时报》报道，美国古生物学者埃里克森在研究中发现，发育阶段中的霸王龙有一个快速生长期。在此期间生长很快，体重一天几乎能增长2千克。这种暴发性的成长，使得它们可以在短时间内长就庞大的身躯。

你知道吗？自1905年霸王龙被命名后，霸王龙便成了最广为人知的恐龙，并频繁出现在动画片和电影中。著名的电影包括《侏罗纪公园》系列、《失落的世界》等。在国产动画片中也有它们的身影，如《蓝猫淘气三千问》《恐龙宝贝》等。霸王龙在影视作品中被塑造成地表最大型、最凶猛的肉食性动物。

双腿：
粗壮，肌肉发达，
适应长途行走

皱褶龙

Rugops
科属：阿贝力龙科、皱褶龙属

皱褶龙生活于白垩纪晚期森诺曼阶的非洲，约 9 500 万年前。皱褶龙的化石是在 2000 年于非洲尼日尔发现的，只有一个头颅骨。皱褶龙是中等大小的肉食性恐龙。它们的头部具有装甲、鳞片等，头部两侧各有 7 个洞孔。皱褶龙可能有非常短的手臂，这在打斗中无法产生作用，可能是作为平衡工具来平衡它们的头部的。

牙齿：
尖锐、锋利

尾巴：
粗长有力，用来
保持身体平衡

食性：属肉食性恐龙。

化石分布：尼日尔。

物种命名者：塞里诺等。

趣味小课堂：皱褶龙的头部两侧分别有 7 个洞孔，科学家认为这些洞孔作用可能是用来支撑某种冠饰或角状物的。这些冠饰或角状物的作用也有多种观点：一种认为，在交配季节，雄性皱褶龙会使肉冠充血，从而变得鲜艳，以此来博得异性眼球；另一种观点认为，肉冠可以调节体温，不同的温度肉冠会显示出不同的颜色。

| 生存年代：白垩纪晚期 | 体长：6~9 米 | 体重：0.7~1 吨 | 食性：肉食 |

体形：
中等

前肢：
非常短小，可能
用来平衡头部

你知道吗？皱褶龙曾出现在
电视节目《远古巨兽大复活》
中，在节目中，褶皱龙猎食
小潮汐龙，最后五只皱褶龙
捕食了一只棘龙。然而，即
使是5只皱褶龙也不足以放
倒重达9吨的棘龙。各种恐
龙的书籍中常有皱褶龙的身
影，虽然没有霸王龙那样闻
名，但也同样深入人心。

头部：
具有装甲、鳞片以及
其他骨头，上有许多
血管

脖颈：
较粗，有明显
褶皱

后腿：
健壮有力，有3根
尖锐的趾爪

伶盗龙

Velociraptor
科属：驰龙科、伶盗龙属

身体：
覆有羽毛

口鼻部：
向上翘起，使得上
侧有凹面，下侧有
凸面

伶盗龙生活于 8 300 万至 7 000 万年前的白垩纪晚期坎帕阶。有两个种：蒙古伶盗龙和奥氏伶盗龙，其中蒙古伶盗龙为模式种，其化石发现于蒙古及中国内蒙古等地。伶盗龙是中型驰龙类，它们有着长达 25 厘米的头颅骨，大脑较大，说明它们很聪明，口鼻部向上翘起，使得上侧有凹面，下侧有凸面，牙齿间隔宽，牙齿后侧有明显锯齿边缘。手部较大，在结构与灵活性上类似现代鸟类的翅膀骨头，掌上有 3 根锋利且大幅弯曲的指爪，第一指爪最短，第二指爪最长，腕部灵活。伶盗龙的第一脚趾是小型的上爪，第二脚趾可以向上、向后收起离开地面，上有大型、镰刀状的趾爪，只依靠后腿的第三、四趾行走。尾巴坚挺。

前肢：
细长，指上有利爪，
而且灵活，便于抓握

头颅骨：
相当长，可达
25 厘米

生活习性：伶盗龙活跃矫健，善于奔跑，可以捕食行动迅速的猎物。前臂上长满了羽毛，但不会飞，推测羽毛在奔跑时可以协助转向。爪子有 3 根锋利且可以大幅弯曲的指爪，腕部骨头结构可以向内转，以及向内抓握，非常灵巧。

食性：属肉食性恐龙。

化石分布：蒙古、中国、俄罗斯。

物种命名者：亨利·费尔德·奥斯本。

| 生存年代：白垩纪晚期 | 体长：约 2 米 | 体重：约 150 千克 | 食性：肉食 |

牙齿：
嘴部有 26~28 颗牙齿，牙齿间隔宽，牙齿后侧有明显锯齿边缘

爪子：
掌部有 3 根锋利且大幅弯曲的指爪，第二指爪是当中最长的一根，而第一指爪是最短的

尾巴：
在水平方向有良好的运动灵活性，可保持平衡和灵活转向

趾爪：
经常两趾着地，第二脚趾有镰刀状的趾爪

趣味小课堂：1971 年发现的化石标本保存了伶盗龙和原角龙搏斗的场景，证明伶盗龙是活跃的捕食动物，也为其捕食方式提供了证据。当时认为这两只恐龙是被掩埋在沙地中的，可能是因为沙丘倒塌，也可能是因为沙尘暴。从它们的姿态来看，掩埋过程非常快速，其中原角龙的前肢与后肢都遗失了。2011 年，科学家又提出伶盗龙是夜行性动物，而原角龙可能属于无定时活跃性的动物，只休息短暂时间。

恐爪龙

Deinonychus
科属：驰龙科、恐爪龙属

头部：
口鼻部较狭窄，颧骨
宽广，使头部看起来
较为立体

前肢：
有大型前掌和三指，
第一指最短，第二指
最长

双腿：
第二趾上有非常大、
呈镰刀状的趾爪

恐爪龙生活于白垩纪的阿普第阶中期至阿尔布阶早期，1.15 亿至 1.08 亿年前。它的后腿第二趾上有非常大的呈镰刀状的趾爪，能刺戳猎物，因此推测其在行走时第二趾可能会缩起，仅使用第三、四趾行走，故被命名为恐爪龙。恐爪龙的化石发现于美国蒙大拿州、怀俄明州的克洛夫利组，以及俄克拉何马州的鹿角组。它的头颅骨有强壮的颌部，有着弯曲、刀刃形的牙齿。眶前孔特别大，眼睛主要是向两侧的。有大型前掌和 3 根指，第一指最短，第二指最长。

| 生存年代：白垩纪早期 | 体长：3~4 米 | 体重：约 70 千克 | 食性：肉食 |

生活习性： 恐爪龙捕食时动作异常敏捷，经常跃到猎物身上，快速地划破对方颈部，用镰刀状的利爪掏挖猎物的内脏。这些动作完成得十分迅速有力。恐爪龙的前肢有三个长利爪，腕部很灵活。它用前肢抱住对方，再用利爪掏挖内脏、撕裂皮肉。科学家认为，它才是白垩纪植食性恐龙最危险的敌人。

栖息环境： 地质学证据证明恐爪龙栖息在泛滥平原或沼泽。

食性： 属肉食性恐龙，会猎食小型恐龙。

化石分布： 美国俄克拉何马州、犹他州、怀俄明州、马里兰州，加拿大阿尔伯塔省。

牙齿：
弯曲，呈刀刃形

物种命名者： 约翰·奥斯特罗姆。

你知道吗？ 2009 年 12 月 12 日，中美古生物学者在我国河北省赤城县土城子组地层发现了珍贵的恐爪龙类足迹。这批足迹是世界上最古老的恐爪龙类足迹，被命名为中国猛龙足迹。中国猛龙足迹在世界上发现得很少，目前仅有我国的山东驰龙足迹、四川伶盗龙足迹以及韩国的哈曼驰龙足迹。这次发现也为"恐龙演化为鸟"的研究课题提供了佐证，据介绍，恐爪龙类所属的似鸟类恐龙被认为是与鸟类亲缘关系最近的恐龙类群。

尾巴：
靠尾椎及人字骨在高速转向时来维持稳定及平衡

前肢：
关节灵活，肘部长有长羽

85

似鳄龙

Suchomimus
科属：棘龙科、似鳄龙属

体形：
较大

牙齿：
狭窄的颌部有约
100 颗不是特别
锐利的牙齿，但
比较整齐

前肢：
强壮，有三指，
拇指上长有大型
镰刀状指爪

　　似鳄龙是一种大型棘龙科恐龙，拥有类似鳄鱼的嘴部，生活于白垩纪阿普第阶晚期，1.21 亿至 1.12 亿年前。似鳄龙拥有非常长且低矮的口鼻部，类似于鳄鱼，狭窄的颌部有约 100 颗牙齿，这些牙齿并不是非常锐利，稍微向后弯曲。前额有一小角饰，口鼻部前端较大。似鳄龙的脊椎有高大的延伸物，最高处位于臀部，类似于棘龙。似鳄龙的前肢强壮，掌部有三指，拇指上有大型镰刀状指爪。

| 生存年代：白垩纪早期 | 体长：约 12 米 | 体重：约 7 吨 | 食性：肉食 |

脊椎：
有高大的延伸物，
最高处位于臀部，
类似于棘龙

口鼻部：
拥有非常长的低
矮口鼻部，类似
于鳄鱼

双腿：
粗壮，有4趾

栖息环境：科学家们推测，似鳄
龙是一种巨大且强壮的动物，栖
息在多水的沼泽地带。

食性：属肉食性恐龙，以鱼类和
中型恐龙为食。

化石分布：尼日尔。

物种命名者：保罗·塞里诺。

驰龙

Dromaeosaurus
科属：驰龙科、驰龙属

　　驰龙又名奔龙，是一种兽脚亚目恐龙，生活于上白垩纪坎帕阶，7 600 万至 7 200 万年前。驰龙的头颅骨较为粗壮；有双大眼睛，视力较好；口鼻部之间的距离较宽；牙齿锐利，并向后弯曲；颌部结构坚固，上颌骨有 9 颗牙齿；颈部活动灵活；尾巴基部灵活，其余部分因交错的骨棒而较为僵直，以致尾巴始终保持稍微上抬的角度。

双腿：
细长，内侧脚趾上长着镰刀形的爪

尾巴：
长，成束的棒状骨使尾巴僵直

牙齿：
锐利，并向后弯曲

生活习性： 驰龙头骨短粗、厚重，有巨大的牙齿，和蜥鸟盗龙相比，驰龙的牙齿磨损程度更高，这表明了驰龙的牙齿更适合用来压碎和撕裂食物，而不是纯粹地切割撕扯。驰龙的摄食习性被认为是具有特征性的"穿刺和拉动"的进食方法。可能喜欢独居。

食性： 属肉食性恐龙，喜欢捕杀与自身相似体形的恐龙。

化石分布： 加拿大阿尔伯塔省、美国蒙大拿州、中国辽宁以及欧洲地区。

物种命名者： 马修、布郎。

你知道吗？ 在恐龙的相关书籍中经常出现驰龙的名字，在各地博物馆中驰龙拥有近乎完整的骨架或模型，但其实驰龙的化石标本鲜为人知，大多数的模型复原只能通过从发现的其他驰龙科获得的信息来实现。所以，许多影视、漫画中所出现的"驰龙"形象与驰龙本身并没有很大的关联性，更多的是来自侏罗纪公园系列的"迅猛龙"形象。

生存年代：白垩纪晚期	体长：约 1.8 米	体重：约 50 千克	食性：肉食

艾伯塔龙

Albertosaurus

科属：暴龙科、阿尔伯塔龙属

艾伯塔龙，又名阿尔伯塔龙、阿尔伯它龙、亚伯达龙、亚伯拖龙，生活于白垩纪晚期，距今超过 7 000 万年。艾伯塔龙的头颅骨很大，颈部很短，呈 S 形，头颅骨上的大型洞孔减轻了头部的重量。艾伯塔龙是异型齿动物，不同部位的牙齿形状不同。在眼睛上方，有短的骨质冠饰，可能在求偶期间具有视觉辨识功能。它的前肢是极为小型的，且只有两指，后腿很长，具有四个脚趾，只用三趾接触地面，中间的脚趾最长。艾伯塔龙体形较大，但是比霸王龙小，据推测它可能位于其生态系统的食物链顶部。

牙齿：
锯齿状边缘，在进食时协助撕裂猎物的肉块

双腿：
长且强壮，跑得不是很快

前肢：
很小，有两指

尾巴：
很长，可平衡头部及身躯的重量

存下来。另一个重要原因是采集化石时候的偏差，即挖掘人员在挖掘时，不易发现小型骨头。还有科学家认为，这反映了幼年艾伯塔龙比较不容易死亡，所以其化石很少被发现，而并不是挖掘化石时的偏差。

生活习性： 艾伯塔龙上颌骨牙齿可以有效抵抗侧边力量，牙齿有锯齿状边缘，在进食时可以协助撕裂猎物，其最大咬合力约为 8 吨。根据牙齿的磨损模式推测，艾伯塔龙等暴龙类恐龙在进食的时候会摇晃头部，咬下猎物。

食性： 属肉食性恐龙，二足掠食性恐龙。

化石分布： 加拿大阿尔伯塔地区，美国阿拉斯加州、蒙大拿州、怀俄明州。

物种命名者： 亨利·费尔费尔德·奥斯本。

考古小课堂： 大多数艾伯塔龙化石在死亡时在 14 岁以上，很少发现幼年个体。产生这种现象的原因有很多，主要原因可能是年轻个体骨头较小，不易保

生存年代：白垩纪晚期	体长：7~9 米	体重：2~3 吨	食性：肉食

食肉牛龙

Carnotaurus
科属：阿贝力龙科、食肉牛龙属

　　食肉牛龙又名牛龙，它们的眼睛上方有一对类似牛角的角，因此被命名为"食肉的牛"。食肉牛龙的化石目前虽然仅发现一具，但相当完整。食肉牛龙眼睛上方有两只短而粗厚的角。食肉牛龙的头颅骨小而厚实，具有许多洞孔，可减轻重量；眼睛向着前方，表明可能有着双眼视觉及深度知觉；口鼻部大，可能具有大的嗅觉器官；牙齿长而细弱。颈部较长，胸部厚壮。前肢极为短小，有四指，第四指用来固定猎物；后腿长而强壮，尾巴能在其运动时保持身体平衡。

前肢：
非常短小，有四指，第四指仅由掌骨构成，被认为用来固定猎物

头部：
小而短宽，但很坚固，具有骨质冠饰

双腿：
长而强壮

牙齿：
长而细弱，锋利

生活习性：食肉牛龙行动速度非常快，可以称之为肉食性恐龙中的猎豹，是目前已知的行动速度最快的肉食性恐龙。头骨坚固，颈部肌肉十分强壮，多节脊椎可以承受冲击，使食肉牛龙可以追捕体形巨大的猎物。嘴部开合幅度大、咬合速度快，牙齿小呈锯齿状，有联结头部和颈部的肌肉群，这表明它们可能是用撕咬的方式来攻击猎物的。

| 生存年代：白垩纪晚期 | 体长：约7.5米 | 体重：约1吨 | 食性：肉食 |

头部：
在眼睛上方有两只短而粗厚的角

颈部：
颈部肌肉强壮，多节的荐椎可承受冲击

尾巴：
长长的、矫健的尾巴，可用来保持平衡

食性：属肉食性恐龙。

化石分布：阿根廷。

物种命名者：何塞·波拿巴。

趣味小课堂：古生物学家已找到食肉牛龙的皮肤印痕化石，从化石来看，食肉牛龙的身上有密密麻麻的鳞片，像一个个小圆盘。在食肉牛龙背部的两侧还排列着一些半圆锥形鳞片。因此，古生物学家认为，可能大型肉食性恐龙的身上都覆盖有类似的鳞片。

你知道吗？食肉牛龙最明显的特征是它们头上的两只尖角，但这对尖角既不够大，也不够硬，所以食肉牛龙可能并不会用它们作为武器来攻击敌人。古生物学家认为，这两只尖角可能是食肉牛龙成年的标志，随着食肉牛龙的成长，尖角也慢慢地长大，长到一定程度就标志着食肉牛龙已经成年了。

始祖鸟

Archaeopteryx
科属：始祖鸟科、始祖鸟属

翅膀：
圆形，扩及于未端，
羽毛在两边排两行

始祖鸟曾被认为是鸟类的祖先，是一些有羽毛印痕的兽脚类恐龙化石标本的统称。始祖鸟可能是一种基础恐爪龙类，生活于侏罗纪的提通阶早期，1.55 亿至 1.5 亿年前。始祖鸟的大小及形状与喜鹊相似，为现今鸟类的中型大小，它们有着阔且圆的翅膀及较长的尾巴，它们的羽毛与现代鸟类相似。除了具有鸟类的特征，始祖鸟同样具有很多兽脚类恐龙的特征，它们有细小的牙齿，可以用来捕猎昆虫及其他细小的无脊椎生物，脚上的四趾都有弯爪，还有长长的骨质尾巴。始祖鸟的翅膀进化得不完善，翅膀上长有带利爪的三指，飞行能力不强。

双腿：
有四趾弯爪，利于
攀缘树枝

| 生存年代：侏罗纪晚期 | 体长：约 30 厘米 | 体重：约 1 千克 | 食性：肉食 |

生活习性：从始祖鸟保留下来的一系列特征可以推测，它们适应飞行的各方面构造还不是很完善，所以它们可能还只能在低空滑翔。始祖鸟翅膀上有爪，后趾末端也有尖利且弯曲的爪，这不利于奔走，但有利于攀缘树枝。

化石分布：德国。

物种命名者：赫尔曼·冯·迈耶。

前肢：
前肢已发育为翅膀，但尚不完善，翅膀上长有带利爪的三指，不擅飞行

尾巴：
有一条由 21 节尾椎组成的长尾巴

胸骨：
小而简单，无龙骨突

趣味小课堂：始祖鸟的名字意为"古代的翅膀"，德文名字意为"原鸟"。始祖鸟一开始被认为是鸟类的祖先，现在被认为是小型兽脚类恐龙。它们并不是鸟类祖先，而非常可能是后期恐爪龙类恐龙的祖先。

考古小课堂：1861 年 9 月 30 日，真正带有骨骼的始祖鸟化石在德国索伦霍芬出土，就在离第一枚始祖鸟化石不远的一个采石场。这件标本基本完整，只是头骨不全，其头后的骨骼保存得相对较好，还有羽毛的印痕。此标本即是通常说的伦敦标本，被命名为"印板石始祖鸟"，现收藏在英国自然历史博物馆。此标本为生物进化理论提供了非常有力的证据。

槽齿龙

Thecodontosaurus
科属：槽齿龙科、槽齿龙属

槽齿龙是一种植食性恐龙，生活于三叠纪晚期诺利阶与瑞提阶。它们是二足恐龙，有着小型头部，牙齿呈叶状，有锯齿状边缘，且位于齿槽内，可以看出它们是植食性恐龙，这也是它们名字的来源。槽齿龙的颈椎上有长长的椎弓，以及前后排列的长神经棘，背椎有强化的横突，肩胛骨宽广、弯曲，稍呈板状。前肢比后腿短，有大型的尖爪，后腿修长结实，尾巴较长。它们也能四肢着地，以长在低处的植物为食。

食性：属植食性恐龙，吃长在低处的植物，有时候也会吃高处的树叶。

化石分布：南英格兰与威尔士的三叠纪地层。

物种命名者：H. 雷德利、S. 斯达奇柏里。

前肢：
短小

双腿：
修长结实

尾巴：
尾巴较长

考古小课堂：槽齿龙在 1836 年被命名，是第四种被命名的恐龙，前三种分别为斑龙、禽龙、林龙，槽齿龙也是第一种被叙述的三叠纪恐龙。最初的模式标本和相关物品在 1940 年被德国摧毁，成为第二次世界大战的受害品。现已在许多地点发现槽齿龙化石，如布里斯托与威尔士。

你知道吗？ 2021 年初，科学家用先进的成像和建模技术来模拟槽齿龙大脑结构。他们发现这种被认为是植食性动物的小型恐龙可以用两脚敏捷行走，偶尔也会吃肉。研究发现，槽齿龙在活动过程中，大脑和保持头部稳定有关的部分均得到良好的发展，也就是说，它们偶尔也会进行捕猎。

生存年代：三叠纪晚期	体长：约 1.2 米	体重：约 30 千克	食性：植食

火山齿龙

Vulcanodon
科属：火山齿龙科、火山齿龙属

火山齿龙是一种相当小的早期蜥脚下目恐龙，生活于侏罗纪早期赫唐阶的非洲南部。它的化石发现于罗德西亚（现在的津巴布韦）的一处火山灰。模式种是卡里巴火山齿龙。它的前肢第一指有大型指爪。脖子细长，身躯庞大。

头部：
较小，上颌部比下颌部宽

前肢：
第一指有大型指爪

双腿：
粗壮

你知道吗？科学家猜测火山齿龙的头很小，脖子很长，而且嘴里长满了钉状牙齿，会吞下小石头以帮助消化。从现存的身体骨架来看，它的胃很大，四肢粗短，行动缓慢。长且粗的尾巴有助于保持平衡。前脚第一趾上有长而尖的爪子，脚上其余的趾头较短，几乎为"蹄子"状，或许这个尖爪就是它的锐利武器。

食性： 属植食性恐龙，主要以羊齿类植物为食。

化石分布： 津巴布韦。

物种命名者： 拉斯。

趣味小知识： 火山齿龙名字意为"火山牙齿"，因为它的第一块化石发现在火山附近的岩层中，在其发现地周围，人们发现了好几颗短刃状的牙齿，曾经被认为是火山齿龙的牙齿。

生存年代：侏罗纪早期	体长：约6.5米	体重：4~5吨	食性：植食

巨脚龙

Barapasaurus
科属：火山齿龙科、巨脚龙属

　　巨脚龙又名巴拉帕龙或巨腿龙，据推测生活于侏罗纪早期的托阿尔阶，1.896亿至1.765亿年前。它的全身骨骼化石除了头部和足部之外都已被发现，它的牙齿边缘有锯齿，形状像树叶，是植食性恐龙。科学家们推测它的头部较短小，身躯庞大笨重，尾巴长而灵活。

牙齿：
呈锯齿状，
形状像树叶

尾巴：
长而灵活

前肢：
粗壮

双腿：
粗壮巨大

生活习性：巨脚龙个头很大，它的牙齿如同锯齿一样锋利，有利于咬碎食物。背部和角部的一些骨头是中空的，这可以有效减轻其身体的负担。性情温和，行动十分缓慢，走路的时候像大象一样。有一条粗壮的尾巴，脖子上顶着一个小小的脑袋，所以在吃高处树叶的时候就会很轻松。

食性：属比较温和的植食性恐龙。

化石分布：印度中部。

物种命名者：杰恩、卡提、罗伊·周德伯里、查特吉。

你知道吗？ 这种恐龙有粗壮的四肢，所以人们称之为巨脚龙。目前人们共发现了六副巨脚龙的骨架化石，遗憾的是没有发现巨脚龙的头骨化石。

| 生存年代：侏罗纪早期 | 体长：约18米 | 体重：10~48吨 | 食性：植食 |

蜀龙

Shunosaurus
科属：鲸龙科、蜀龙属

蜀龙是一种独特的蜥脚下目恐龙，生活于侏罗纪中期巴通阶到卡洛维阶，约 1.7 亿年前。蜀龙的化石在 1977 年发现于自贡市大山铺镇的下沙溪庙组。在蜥脚类恐龙中，蜀龙的颈部较短，显示它们以低矮植被为食，鼻孔位于口鼻部偏低的地方，牙齿呈圆柱形，齿冠呈匙状。蜀龙的尾巴末端拥有尾槌，尾槌有两个 5 厘米长的尖刺，可能是用来击退敌人的。

牙齿：
呈圆柱状

前肢：
相对较短

双腿：
粗壮

颈部：
较长，但在蜥脚
类恐龙中较短

生活习性：蜀龙身体笨重，行动缓慢，喜欢群居，经常和鲸龙成群出现。主要生活在河畔湖滨地带，牙齿呈匙状，这有利于它们咬断和咀嚼植物。四肢长度相差不多，再加上身躯笨重，所以它们只能用四足行走。

食性：属植食性恐龙，食柔嫩多汁的植物或低矮的树木枝叶。

化石分布：中国四川省自贡市大山铺镇。

物种命名者：董枝明、张奕宏、周世武。

考古小课堂：1977 年，蜀龙的化石发现于四川省大山铺镇的下沙溪庙组。1983 年，董枝明、张奕宏、周世武等人命名。已有超过 20 个蜀龙骨骸被发现。蜀龙为一种基础蜥脚下目恐龙，与澳大利亚的瑞拖斯龙有亲缘关系。化石展示在中国四川省自贡市的自贡恐龙博物馆。

你知道吗？ 因其发现地为四川，所以此恐龙得名"蜀龙"。蜀龙有独特的防身武器，即尾巴末端的骨质尾锤，由几节尾椎骨形成，呈椭圆球状。恐龙活着的时候，这种内质尾锤上会包着皮肉，看起来和儿童足球差不多。想象一下，4 米多长的尾巴上加上这样的"战锤"，挥动起来的话威力无穷，可能使一些肉食性动物闻风而逃。

生存年代：侏罗纪中期	体长：约12米	体重：4~10吨	食性：植食

板龙

Plateosaurus
科属：板龙科、板龙属

背部：
有一排神经棘

牙齿：
有锯齿边缘、叶
状的齿冠

板龙生活于三叠纪晚期诺利
阶到瑞提阶，2.16 亿至 1.99 亿年
前。它们身长 6~10 米，体重约 5 吨，
是体积庞大的二足植食性恐龙。它们的头
颅骨相较于庞大的身躯，显得小型、狭窄，有
鼻孔、眶前孔、眼眶、下颞孔 4 对洞孔，口
鼻部长，有许多小型叶状位于齿槽中的牙
齿。颈部细长，前肢短小，有 5 个指头，拇
指有大爪，爪能自由活动，后腿粗长。

生活习性：研究发现，它们喜欢群体活动。可能会吞食胃石来
协助消化食物，因为缺乏咀嚼用颊齿。它们用四肢爬行并寻
觅地上的植物，但当需要时，它们可以靠两只强壮的后腿直立
起来，寻找其他可觅食的地方。

食性：属植食性恐龙，以高大植被为食，比如针叶
树和苏铁。

化石分布：德国、瑞士、法国、
瑞典。

物种命名者：克莉斯汀·艾瑞克·赫尔
曼·汪迈尔。

考古小课堂：考古工作者在欧洲
中部采石场的三叠纪晚期岩层
里挖掘出几十具板龙的化石
骨架，很多化石保存了完好
的大腿骨，且大腿骨经常是直立
在岩层中的。这种姿势显示这些恐龙死的
时候是直立的，而且其姿势在死后还保持着。

双腿：
粗壮并且很长

生存年代：三叠纪晚期	体长：6~10 米	体重：约 5 吨	食性：植食

你知道吗？板龙意为"平板的爬行动物"，在板龙以前，最大的植食性动物也就像一头猪那么大，而板龙要大得多。板龙直立行走是很不容易的，灵活的脖子使它们头重脚轻，不能一直以两脚着地的姿态行走。四肢爬行方式对板龙来说更加舒服。

颈部：
特别长

前肢：
短小，有 5 个指头

尾巴：
又粗又长，且十分灵活

峨眉龙

Omeisaurus

科属：马门溪龙科、峨眉龙属

　　峨眉龙生活于侏罗纪中晚期巴通阶到卡洛维阶。峨眉龙的化石是由杨钟健等人于 1939 年在峨眉山附近的荣县发现的，属于沙溪庙组地层。推测它的身长为 10~15 米，体重约为 20 吨，是中等大小的蜥脚类恐龙。它的头部呈楔形，牙齿粗大，前缘有锯齿，颈部长，前肢较短而粗壮，第一指有爪，后腿较长，第一、二、三趾上也有爪。

生活习性：峨眉龙体形较大，颈椎很长，行走的时候身体会略前倾。峨眉龙牙齿巨大，牙齿前端有锯齿，喜欢群居，通常把家安在内陆湖的边缘。

食性：属植食性恐龙。

化石分布：中国四川省自贡市荣县。

牙齿：
前端有锯齿

后腿：
长且粗壮，第一、二、
三趾上有爪

| 生存年代：侏罗纪中晚期 | 体长：10~15 米 | 体重：约 20 吨 | 食性：植食 |

脖子：
与身体对比，
尤为修长

你知道吗？峨眉龙的大部分化石在 20 世纪
70 ～ 80 年代出土，目前有六个种被命名，包
含：模式种荣县峨眉龙、长寿峨眉龙、釜溪峨
眉龙、天府峨眉龙、罗泉峨眉和毛氏峨眉龙。
大多是以化石发现地为名。

物种命名者：杨钟健等。

考古小课堂：峨眉龙曾经被分类在鲸龙
科，因为曾经在相同尸骨层发现峨眉龙和
一个尾棒化石。此尾棒化石现被认为属于
一个巨大的蜀龙个体，但还是有人认为峨
眉龙应该有个很小的尾锤。现在可以在自
贡恐龙博物馆和重庆北碚博物馆看到已架
设的峨眉龙骨骸。

前肢：
短而粗壮，第一
指有爪

鲸龙

Cetiosaurus
科属：鲸龙科、鲸龙属

颈部：
较长，呈S形

头部：
较小

背椎：
非常重且原始，几乎
是实心的

鲸龙生活于侏罗纪中晚期，1.81 亿至 1.69 亿年前。鲸龙是四足的植食性恐龙。它的颈部与身体一样长，背椎非常重且原始，几乎是实心的。它的尾巴至少有 40 节尾椎，相对较长。鲸龙是第一种被发现、命名的蜥脚下目恐龙，也是第一种被发现于英格兰的蜥脚类恐龙。

尾巴：
相对较长，至少有
40 节尾椎

生活习性： 鲸龙生活在中生代海滨低地，这片海域主要分布在现代的英国。颈部不大灵活，只能在 3 米的弧线范围内左右摆动。所以，鲸龙只能够低头喝水，啃食蕨类叶片和小型多叶树木。

食性： 属植食性恐龙，啃食蕨类叶片或者小型多叶树木。

化石分布： 非洲北部，英国。

物种命名者： 理察·奥云。

趣味小知识： 鲸龙是较早被发现的恐龙之一，被发现时，骨架脊椎上有海绵状缔结组织。因其外形和鲸类相似，所以被命名为鲸龙。它曾经被认为是巨大的水生爬行动物，后来人们发现了比较完整的骨架，才确定其属于蜥脚类恐龙。

你知道吗？ 鲸龙的牙齿像耙子一样，可以扯下植物的叶子。靠柱状的四肢支撑着庞大的身躯，前后肢差不多长。头部较小。尾巴相对较长，背部基本保持水平。鲸龙和其他早期蜥脚类恐龙的脊椎几乎都是实心的，这是原始恐龙的特征。随着物种的演化，它们的脊椎骨开始有了空腔，这可以减轻其重量。

| 生存年代：侏罗纪中晚期 | 体长：14~18 米 | 体重：约 25 吨 | 食性：植食 |

巴洛龙

Barosaurus
科属：梁龙科、重龙属

巴洛龙，是一种有长颈、长尾巴的巨大植食性恐龙，与较著名的梁龙为近亲。它在梁龙科中属于较大型的恐龙。它的四肢与梁龙非常相似，但是它的尾巴较短，颈部较长。巴洛龙的头颅骨长而低矮，只有嘴部前段具有牙齿，牙齿呈钉状。巴洛龙的前肢比其他梁龙科的恐龙长，但仍比大部分蜥脚类恐龙短。

头部：
小脑袋

牙齿：
嘴的前部有扁平的圆形牙齿，后部没有牙齿

尾巴：
长长的尾巴

食性：属植食性恐龙。

化石分布：坦桑尼亚马特瓦拉，美国南达科州、犹他州。

物种命名者：奥斯尼尔·C. 马什。

你知道吗？ 巴洛龙又叫"重型龙"，意为"笨重的蜥蜴"，脖子非常长。有科学家认为，要把血液送到位于长颈之上的脑袋，要有1.6吨重的心脏才可以做到，但心脏太大，心跳速度会慢到让送上颈部的血液往下回流。所以他们推测巴洛龙可能有8个心脏，每一个心脏可以把血液送到下一个心脏就行。也有科学家认为，巴洛龙有现代的大心脏，颈部有动脉阻止血液回流。

生存年代：侏罗纪晚期	体长：20~27米	体重：约10吨	食性：植食

梁龙

Diplodocus
科属：梁龙科、梁龙属

头部：
头颅骨及脑壳都
很小型

颈部：
很长，由15节颈
椎骨组成

梁龙生活于侏罗纪末期。梁龙是身躯非常长的恐龙，有着长颈及像鞭子的长尾巴。它的头颅骨及脑壳都很小型，牙齿呈楔形，并向前倾，只有颌部的前部有牙齿，颈部至少由 15 节颈椎骨所组成，很长，不能高举。它有着极长的尾巴，由约 80 节尾椎所组成。对于它长长的尾巴功能的推测，有科学家认为它是用来防卫或者制造声响的，也有可能是用来平衡颈部的。梁龙的指爪与掌骨排列成垂直柱状，横剖面为马蹄形，只有前掌的第一指具有非常大的指爪，两侧平坦，不与掌骨连接。

食性：属植食性恐龙，有研究认为可能还会吃水里的植物。

化石分布：美国科罗拉多州、蒙大拿州、犹他州、怀俄明州。

物种命名者：奥塞内尔·查利斯·马什。

繁殖小知识：目前还没有关于梁龙筑巢习性的直接证据，但已经发现其他蜥脚下目的蛋巢，并且显示它们可能会在一个地方的不同浅坑中生蛋，每一个坑会用植物掩盖，所以推测梁龙可能也会有这样的习性。根据一些骨头的组织学研究发现，梁龙的生长非常快，约 10 年就可以达到性成熟。

| 生存年代：侏罗纪末期 | 体长：约27米 | 体重：6~20吨 | 食性：植食 |

牙齿：
只长在嘴的前部，
而且很细小

尾巴：
细长，由约 80
节尾椎所组成

前肢：
第一指有巨大的指爪

趣味小课堂： 梁龙是很著名的恐龙，也是有最多骨架和实体模型
的蜥脚类恐龙。这是因为发现了很多梁龙骨骼化石，以及梁龙曾
被大众认为是最长的恐龙。其实早在约一个世纪以前，梁龙的骨
骼模型就在世界各地展览了，已为人所熟悉。梁龙也经常出现在
恐龙的电影和电视节目里，最早的是 1914 年的动画电影《恐龙葛
蒂》。此外，梁龙也出现在电视节目《与恐龙共舞》的第二集。当
然，梁龙也经常出现在恐龙书籍和玩具中。

你知道吗？ 梁龙的颈部很长，这
使它可以吃到高树上的叶子。科
学家怀疑其心脏是否可以维持
足够的血压以供血液流到脑部。
1992 年的哥伦比亚大学的一个研
究认为，对于梁龙的颈结构来说，
它需要一个 1.6 吨重的心脏。这个
研究也假设梁龙可能在颈部还有
一个辅助心脏，可以将血液输送
到另一个心脏。

双腿：
粗壮，支撑身
体或站立

105

马门溪龙

Mamenchisaurus

科属：马门溪龙科、马门溪龙属

头部：
十分小巧

马门溪龙生活在侏罗纪晚期。马门溪龙是曾经生活在地球上的脖子最长的动物，它们的脖子占身长的一半。它们的头部很小，牙齿呈匙状，且布满口腔。马门溪龙的脖子由长长的、相互叠压在一起的颈椎支撑着，因而十分僵硬，转动起来十分缓慢。脊椎骨中的空洞能减轻它庞大身躯的重量，同时也让它们的身躯看起来很"苗条"。

食性：属植食性恐龙。

物种命名者：杨钟健。

物种小知识：马门溪龙属最著名的两个种：一个是合川马门溪龙，发现在四川省合川县（今为重庆市合川区）和甘肃永登；另一个是建设马门溪龙，发现在四川宜宾。马门溪龙是距今 1.4 亿年的晚侏罗世的早期种属，在侏罗纪末期灭绝。

脖子：
长度近体长的一半，上面的肌肉很强壮

化石分布：中国、蒙古、日本。

颈椎：
为微弱后凹型

| 生存年代：侏罗纪晚期 | 体长：22~26 米 | 体重：11~17 吨 | 食性：植食 |

趣味小课堂：1952 年，金沙江马鸣溪渡口附近正在修筑公路，工人们发现了很多骨头样子的石头，后来经过古生物学家杨钟健教授研究，认为这是一种还没有被发现的恐龙化石，于是他就命名其为"马鸣溪龙"。因为杨教授是陕西人，其他研究人员因杨教授的口音，将"马鸣溪"听成了马门溪，从此马门溪龙便出现在各种资料文献上。

牙齿：
呈匙状，布满整个口腔

尾椎：
前尾椎是前凹型，
后尾椎是双平型

腰椎：
呈明显后凹型

你知道吗？合川马门溪龙是中国恐龙群中耀眼的"明星"，四川省石油勘探队在重庆市合川区发现的合川马门溪龙是目前亚洲发现的最为完整的蜥脚类恐龙化石，"发现合川马门溪龙"成功入选新中国 60 项科技杰出成就。

约巴龙

Jobaria

科属：大鼻龙科、约巴龙属

约巴龙又译酋巴瑞亚龙，生活在 1.64 亿至 1.61 亿年前，1997 年秋季在撒哈拉沙漠尼日发现它的化石。这具化石比较完整，包含了 12 块椎骨和其他化石。约巴龙是种非常原始的蜥脚类恐龙，因为它有着较小而复杂的椎骨和

脖子：
由 12 个脊椎骨组成

牙齿：
像勺子一样，
适合用来夹住
小树枝条

尾巴：
逐渐变得尖细

较短的尾巴。它的体重多由后脚支撑，能轻易地用后脚站立。它长着勺子一样的牙齿，这种牙齿非常适合用来夹住小树枝条。

生活习性：群居生活，生活在茂密的森林和宽阔河道周围。

食性：属植食性恐龙。

化石分布：非洲撒哈拉沙漠。

物种命名者：保罗·塞里诺。

| 生存年代：白垩纪早期 | 体长：约 16 米 | 体重：约 16 吨 | 食性：植食 |

天山龙

Tienshanosaurus

科属：盘足龙科、天山龙属

天山龙生活于侏罗纪晚期的中国。模式种是奇台天山龙，正模标本发现于石树沟组，地质年代为牛津阶，标本不完整，只有一些身体骨骼的骨头，缺少头颅骨与下颌，是中国古生

肩胛骨：
较长

尾巴：
逐渐变细，
末端更尖细

四肢：
较为健壮，支撑
身体及用来行走

颈部：
较为粗壮

物学家杨钟健在 1937 年将其叙述命名的。它的体长约 10 米，属于中等大小的恐龙，前肢较短，肩胛骨较长。

生活习性：性情温和，行动缓慢，

只能靠甩动尾巴来防身，是一种反抗能力较弱的动物，一般都会老老实实地待在森林里。

食性：属植食性恐龙。

化石分布：中国新疆。

物种命名者：杨钟健。

| 生存年代：侏罗纪晚期 | 体长：约 10 米 | 体重：未知 | 食性：植食 |

盘足龙

Euhelopus
科属：盘足龙科、盘足龙属

盘足龙生活于白垩纪早期的巴列姆阶或者阿普第阶，1.3 亿至 1.12 亿年前，它的化石被发现于中国山东省，是中等体形的蜥脚类恐龙。模式种是师氏盘足龙，化石只有部分骨骼，包含大部分颈部、脊柱以及缺少牙齿的头颅骨。它的前肢长于后腿，足像圆盘，以适应在水中生活，颈部和尾部都比较长。它是有记载以来第一个在中国被发现的恐龙。

尾巴：
较长

前肢：
比后腿长

食性： 属植食性恐龙。

化石分布： 中国东部。

物种命名者： 阿尔弗雷德·罗默。

趣味小课堂： 盘足龙最大的特点是它那长且壮的脖子，几乎为全长的一半。与较为原始的蜥脚类恐龙（如马门溪龙）相比，脖子虽然也很长，但由于结构的限制，它并不可以把脖子抬得非常高来采食高处的树叶，不过它横向采食的范围非常广。

你知道吗？ 盘足龙遇到肉食性恐龙的攻击时，可以站立起来用前肢攻击和踩踏敌人。

生存年代：白垩纪早期	体长：约15米	体重：15~20吨	食性：植食

圆顶龙

Camarasaurus
科属：圆顶龙科、圆顶龙属

头部：
不大，两
分别长在

圆顶龙生活于侏罗
纪晚期，1.55 亿至 1.45 亿
年前。它的头颅骨短而高，呈
拱形，因此被命名为圆顶龙。钝
的鼻端有大型洞孔，眼眶位于其头
部后方，鼻孔巨大，颌部骨头厚实，
牙齿像凿子，整齐地分布在颌部。由
牙齿的强度推测它可能以粗硬的植物为
食，而且当它的牙齿磨坏后可以长出新的牙
齿。圆顶龙的前肢比后腿略短，后腿粗壮，每
只脚有 5 个脚趾，3 只
脚趾上长着长而弯曲
的爪，它可以用这些
爪保护自己。

牙齿：
口中生着匙形的牙齿，
呈凿子状整齐排列

| 生存年代：侏罗纪晚期 | 体长：7.5~20 米 | 体重：约 18 吨 | 食性：植食 |

颈部：
比较长且粗壮

前肢：
略 短 于 后 腿，
掌着地

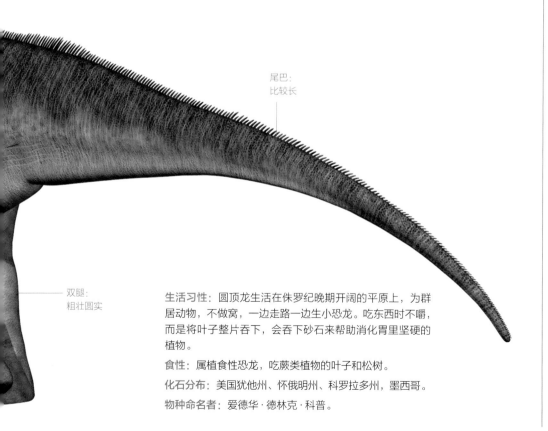

尾巴：
比较长

双腿：
粗壮圆实

生活习性：圆顶龙生活在侏罗纪晚期开阔的平原上，为群居动物，不做窝，一边走路一边生小恐龙。吃东西时不嚼，而是将叶子整片吞下，会吞下砂石来帮助消化胃里坚硬的植物。

食性：属植食性恐龙，吃蕨类植物的叶子和松树。

化石分布：美国犹他州、怀俄明州、科罗拉多州，墨西哥。

物种命名者：爱德华·德林克·科普。

波塞东龙

Sauroposeidon
科属：腕龙科、波塞东龙属

头部：
比较小，扁平

波塞东龙又名海神龙、蜥海神龙，生活于白垩纪早期。它的化石在 1994 年被发现于美国俄克拉荷马州，之后在怀俄明州、德州也发现化石与足迹化石，地质年代属于白垩纪早期，它是一种大型四足植食性恐龙，前肢长于后腿，身体形态类似现代长颈鹿。它的身长为 30~34 米，体重为 50~60 吨，身高为 17 米，是目前已知最高的恐龙。据已发现的化石来看，波塞东龙的脊椎骨非常长，最大的脊椎骨长度约为 1.4 米，是目前记录中最长的，它的脖子可能比马门溪龙的还长。

物种命名者：韦德尔等。

考古小课堂：1994 年，波塞东龙的脊椎骨发现于俄克拉何马州的乡村，位于露出的黏土岩中。这四个脊椎骨起初被认为是动物化石，因此这些脊椎骨被储藏起来。一直到 1999 年，当 Cifelli 博士交给毕业班学生来分析研究计划时，他们发现了这个化石的独特性，在同年 10 月公布了消息，并在隔年的《脊椎动物古生物学期刊》上正式公布此物种。

四肢：
比较长，且健壮有力，是四足走的恐龙

生活环境：波塞东龙生存在墨西哥湾的海岸，此海岸当时侵入到俄克拉何马州一带，形成巨大的三角洲，就像现在的密西西比河三角洲。该地区在当时可能没有掠食动物能够攻击完全成长的波塞东龙，但肉食龙下目的高棘龙和群体行动的恐爪龙也许是以幼年波塞东龙为猎物。

脊椎骨：
非常长

尾巴：
长而有力

食性：属植食性恐龙。

化石分布：美国俄克拉何马州。

生存年代：白垩纪早期	体长：30~34 米	体重：50~60 吨	食性：植食

阿拉善龙

Alxasaurus
科属：阿拉善龙科、阿拉善龙属

　　阿拉善龙的生存年代为白垩纪早期。化石是中加恐龙项目考察队在内蒙古阿拉善沙漠的阿乐斯台村附近发现的。阿拉善龙是迄今为止在亚洲发现的保存最完整的白垩纪早期兽脚类恐龙标本。这是一种类似于缓龙的恐龙，具有奇特的

头骨和腰带。阿拉善龙有很多与其他兽脚类恐龙的不同之处，它们的牙齿数目超过 40 颗，在齿骨联合部也有牙齿；肋骨与脊椎骨未愈合；肠骨的前后较长；爪较短。另外，阿拉善龙的前肢几乎和腿一样长，它们会用前爪将树枝拽到嘴里，和食肉的兽脚类恐龙弯曲的爪子不同，它们的长爪子太直，不可以用作武器。

前肢：
几乎和腿一样长

栖息环境： 据推测，阿拉善龙生活在植物繁茂的河谷。

食性： 属植食性恐龙。

化石分布： 中国内蒙古阿拉善沙漠阿乐斯台村。

物种命名者： 戴尔·罗素、董枝明。

生存年代：白垩纪早期	体长：约 4 米	体重：约 380 千克	食性：植食

短颈潘龙

Brachytrachelopan
科属：叉龙科、短颈潘龙属

　　短颈潘龙颈部非常短，生活于侏罗纪晚期提通阶。它的唯一化石标本被发现于阿根廷丘布特省，来自一个被河流侵蚀的砂岩露头。这些化石包括 8 节颈椎、12 节背椎及 3 节荐椎，以及后段颈部肋骨的近端部分、左股骨的远端部

颈部：
十分短

颈椎：
呈弓形，严重地限制了颈部向背侧方向弯曲

尾巴：
细长

四肢：
比较强壮，是四足行走的恐龙

分、左胫骨的近端部分以及右肠骨。短颈潘龙的颈部十分短，这也是它得名的原因，它是颈部最短的蜥脚下目恐龙。短颈潘龙的颈椎呈弓形，严重地限制了颈部向背侧方向弯曲。

食性： 属植食性恐龙，以离地面 1~2 米高的植物为食。

化石分布： 阿根廷。

物种命名者： 奥利佛·劳赫。

考古小课堂： 在阿根廷丘布特省发掘的标本是不完整的，但发现的时候关节仍然是连接的。标本的大部分可能在发现之前已经因侵蚀而消失了。

生存年代：侏罗纪晚期	体长：约 10 米	体重：未知	食性：植食

腕龙

Brachiosaurus
科属：腕龙科、腕龙属

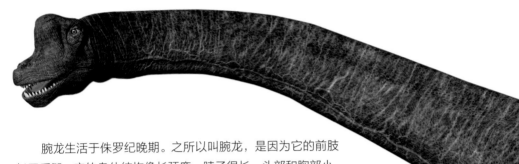

　　腕龙生活于侏罗纪晚期。之所以叫腕龙，是因为它的前肢长于后腿。它的身体结构像长颈鹿，脖子很长，头部和胸部小，前肢长于后腿，尾巴长。它的头颅骨有很多大型洞孔，能帮助减轻重量，有凿状牙齿，适合咬碎植物。前脚的第一趾及后脚的前三趾，有趾爪。腕龙前肢高大，肩部耸起，整个身体沿肩部向后倾斜。科学家推测它有好几个心脏来将血液输遍它庞大的身体。

颈部：
粗壮修长

肩部：
耸起，整个身体
沿肩部向后倾斜

生活习性：腕龙性情温和，喜欢群居生活。为了满足自己的大胃口，经常成群迁移，在一望无际的草原上寻找新鲜的食物。需要大量食物来补充自己身体生长和四处活动所需的能量，食量是亚洲象食量的 10 倍。古生物学家通过研究粪便化石得知，腕龙一次排泄的粪便有 1 米多高。

生存年代：侏罗纪晚期	体长：22~30 米	体重：30~80 吨	食性：植食

牙齿：
凿状牙齿，能
轻易咬断植物

头部：
头颅骨有很多大型
洞孔，能帮助减轻
重量

皮肤：
厚实

后腿：
相对较细

前肢：
粗壮，长于后腿

食性：属植食性恐龙。

化石分布：美国科罗拉多州、犹
他州，葡萄牙，坦桑尼亚。

物种命名者：埃尔默·里格斯。

葡萄园龙

Ampelosaurus
科属：萨尔塔龙科、葡萄园龙属

葡萄园龙生活于白垩纪晚期，是非常有名的欧洲蜥脚下目恐龙。它的化石是在法国南部近利穆·布朗克特的葡萄园发现的，因此被命名为葡萄园龙。化石发现的地层被认为是属于白垩纪晚期的马斯特里赫特阶，7 400万至 7 000 万年前。与大部分蜥脚下目恐龙相似，葡萄园龙有着长颈及长尾巴，它的背部有鳞甲。研究人员比较长颈巨龙、葡萄园龙的化石，提出葡萄园龙的颈部仅能做出有限度的左右摆动。

食性： 属植食性恐龙。
化石分布： 法国南部。

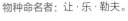

头部：
较小

物种命名者： 让·乐·勒夫。

考古小课堂： 1989 年，化石发现在尸骨层中，有着数条肋骨、由

| 生存年代：白垩纪晚期 | 体长：15~18 米 | 体重：未知 | 食性：植食 |

颈部：
颈部长，仅能做出有限度
的左右摆动，比较粗壮

四肢：
健壮，是四足行
走的恐龙

尾巴：
比较长

背部：
有鳞甲

背部至尾巴的脊椎以及四肢的骨头，但没有发现头颅骨，只有一颗牙齿。在尸骨层中，还发现了四个不同的鳞甲。这些化石属于不同的个体。后来，同一地区发掘出了更多的化石，包括比较完整的骨骼。

阿马加龙

Amargasaurus cazaui
科属：叉龙科、阿马加龙属

背部：
有两排鬃毛状的长棘

　　阿马加龙又译阿
玛加龙，生活于白垩纪早期
的巴列姆阶至阿普第阶，1.3 亿至 1.2
亿年前。化石是在阿根廷内乌肯省的拉阿马
加峡谷被发现，化石较完整，包括头颅骨的
后部，及所有的颈椎、背椎、荐椎与部分的
尾椎。阿马加龙骨骼最明显的特征就是在
颈部及背椎上长着两列高棘，一对对平
行排列，直至臀部。对于这些高棘的功
能，科学家有过许多猜测，它们可能是
用来沟通或控制体温，但是真正的用途还
未知。

牙齿：
数量较多，
且较为锋利

食性：属四足的植食性恐龙。

化石分布：阿根廷。

物种命名者：利安纳度·萨尔加多、约瑟·波拿巴。

考古小课堂：阿马加龙在 1991 年由阿根廷古生物学家利安纳
度·萨尔加多和约瑟·波拿巴所命名，因为化石是在阿根廷
的拉阿马加峡谷被发现的。这个属下只有一个种，学名是
A. cazaui，以纪念发现化石的路易斯·卡佐博士，他是一
个石油公司的地质学家。阿马加龙的化石相对较完整。

生存年代：白垩纪早期	体长：12 米	体重：未知	食性：植食

尾巴：
又细又长

头部：
很小

颈部：
整个颈部比较粗壮，
而且比较长

趣味小课堂：阿马加龙的明显特
征是背上有两列"神经棘"，棘
刺细而易损，不适合用于防御。
有人认为，在棘之间有皮膜的
"帆"，"帆"中有血管通过。所以
很有可能"帆"通过太阳来加热
血液，也有可能通过风来释放热
量。也有人认为它的用途是迷惑
肉食性恐龙，让它们觉得阿马加
龙不适合捕杀。

伊希斯龙

Isisaurus
科属：萨尔塔龙科、伊希斯龙属

伊希斯龙生活于白垩纪晚期，模式种是柯氏伊希斯龙。与其他蜥脚下目不同的是，它的颈部较短而且是垂直的，前肢很长。由伊希斯龙粪化石上的真菌

颈部：
较其他蜥脚下目恐龙短

头部：
较小，有冠饰

后腿：
粗壮有力

前肢：
较长

可以推断出它是吃树叶的。

食性：属植食性恐龙，吃树叶。

物种命名者：威尔逊、厄普丘奇。

化石分布：印度、老挝、马达加斯加、阿根廷及欧洲。

你知道吗？伊希斯龙是最后的蜥脚类植食性恐龙，其尾脊椎残体大多为碎片，但它的形式似乎没变——头小、尾长、大象般的肢，颈有点短。由于其脸很长，所以最完整的颅有一些像梁龙。

生存年代：白垩纪晚期	体长：约18米	体重：约14吨	食性：植食

潮汐龙

Paralititan
科属：泰坦巨龙科、潮汐龙属

潮汐龙是一种大型恐龙，化石被发现于埃及的拜哈里耶组，该地层属于白垩纪晚期的海岸沉积层。模式种是罗氏潮汐龙。潮汐龙是一种四足植食性恐龙，头部小，颈部和尾巴很长，身躯庞大，行动不灵活，身上可能拥有防御用的皮内成骨。潮汐龙是

头部：较小

颈部：很长

尾巴：很长

第一种被证实存活在红树林生态环境的恐龙。

生活习性：潮汐龙的头很小，腿也不长，可以想象其行动是不太灵便的，不好捕捉动物。它们住的地方，当时不是沙漠，而是海滨。这里在涨潮的时候是海，退潮的时候是陆，一般陆生植物不能在这里生长，但红树喜欢这里。那时气候炎热，树木长得很快，足够恐龙在此饱餐。

食性：属植食性恐龙。

化石分布：埃及。

物种命名者：史密斯等。

生存年代：白垩纪晚期	体长：24~30米	体重：约70吨	食性：植食

澳洲南方龙

Austrosaurus
科属：泰坦巨龙科、澳洲南方龙属

澳洲南方龙又名澳洲龙，生活于白垩纪晚期，9 800 万至 9 500 万年前。1932 年，H.B. 韦德于昆士兰州北部的克卢萨车站附近发现了澳洲南方龙的化石，并由希伯·朗曼于 1933 年所描述、命名。据化石资料显示，它的臀部高约

体形：
较大，而且较长

后腿：
较为壮实，主要用来支撑身体和行走

前肢：
较短，手部有三爪

3.9 米，肩膀高 4.1 米，可见它的背部几乎是水平的。

食性：属植食性恐龙。

化石分布：澳大利亚昆士兰州。

物种命名者：希伯·朗曼。

物种小课堂：澳洲南方龙一开始被认为类似圆顶龙或蜀龙，所以被归类于鲸龙科。而另一项研究发现，其脊椎特征与泰坦巨龙类相似，因此被归类于此演化支。有研究假设澳洲南方龙常常出没在水边，或浸在水中，以此来减轻双脚的负担，但这个理论没有被接受，澳洲南方龙被认为生活在旱地。

生存年代：白垩纪晚期	体长：约 5 米	体重：约 180 千克	食性：植食

萨尔塔龙

Saltasaurus
科属：萨尔塔龙科、萨尔塔龙属

萨尔塔龙又名索他龙，生活在白垩纪晚期。萨尔塔龙的化石被发现于阿根廷，该地层属于白垩纪晚期的坎帕阶到马斯特里赫特阶。这些化石包括脊椎、四肢骨头、数个颌部骨头以及不同的骨甲。模式种为护甲萨尔塔龙。它的背部有

头部：
不大，嘴巴像鸭嘴形状

背部：
背部有骨甲，骨甲之间长着数百个骨质的纽扣或大头钉状的饰物

四肢：
四肢健壮有力，是四足行走的恐龙

骨甲，骨甲之间长着数百个骨质的纽扣或大头钉状的饰物，身躯庞大，有着鞭子一样的长尾巴。这些骨甲对于萨尔塔龙有着保护作用。

食性：属植食性恐龙，吃高大树木顶端的嫩枝叶。

物种命名者：约瑟·波拿巴、杰米·鲍威尔。

化石分布：阿根廷、乌拉圭。

考古小课堂：1997 年，路易斯·齐亚比和团队在巴塔哥尼亚发现了

大型的泰坦巨龙类蛋巢。这些恐龙蛋长 11~12 厘米，内部有胚胎。完整胚胎有皮肤痕迹，但无法表明是否有真皮组织或羽毛。这些恐龙蛋被判断属于萨尔塔龙。这个遗迹明显是数百只雌性恐龙挖掘洞穴，产下蛋，并用泥土或植被覆盖。这也显示萨尔塔龙是群居动物，可能以群体行动和骨板来抵抗大型掠食者的攻击。

生存年代：白垩纪晚期	体长：约 12 米	体重：约 7 吨	食性：植食

阿根廷龙

Argentinosaurus
科属：隆柯龙科、阿根廷龙属

体形：
巨大，长 40 米，
很笨重

脖子：
细长

阿根廷龙是四足植食性恐龙，可能是地球上曾经生活过的体形最巨大的陆地动物。阿根廷龙只有部分骨架被发现。模式种是乌因库尔阿根廷龙。它的化石是在阿根廷内乌肯省的利迈河地层被发现的，属于白垩纪阿尔布阶至森诺曼阶，1.122 亿至 9 350 万年前。

栖息环境：生活在森林环绕的湖畔，这里水源充足，食物丰富，是很多大型蜥脚类恐龙赖以生存的环境。

尾巴：
细长，像鞭
子一样

食性：属植食性恐龙，吃植物。

化石分布：阿根廷。

物种命名者：约瑟·波拿巴、罗多尔夫·科里亚。

| 生存年代：白垩纪中期 | 体长：35~43 米 | 体重：94~98 吨 | 食性：植食 |

物种小课堂： 之前人们一直认为，像阿根廷龙这样的巨型植食性恐龙没有天敌，它们完全可以吓退那些掠食者，但 1995 年，英国古生物学家在一块恐龙颈骨化石上发现了牙齿咬痕，经过挖掘，发现这便是令人惊骇的玫瑰马普龙！这种掠食者体形接近于霸王龙，面对阿根廷龙这种巨型猎物，马普龙会感到非常有压力。因此科学家推测马普龙可能采用群体进攻的方式来围攻一只年老、体弱的阿根廷龙。

趣味小课堂： 阿根廷龙命名很简单，意为"在阿根廷发现的恐龙"。至今未发现这种恐龙的完整骨骼化石，不过人们发现了属于这种恐龙的超巨型脊椎骨。蜥脚类恐龙可以算得上地球史上最成功的生物种类之一，因为它们成功地统治了侏罗纪晚期。因为侏罗纪晚期有一段气候稳定期，适合蜥脚类恐龙所喜好的植物生长，所以这些恐龙有充足食物，可以生长到极为庞大。到了白垩纪，气候变化，大部分蜥脚类恐龙都消失了。不过阿根廷龙不但没有灭绝，而且演化到比侏罗纪时期的祖先更加庞大。因此可以说阿根廷龙是蜥脚类动物进化的终极产物。

你知道吗？ 阿根廷龙的发现，改变了人们对恐龙的观念，引领了新一轮考古热潮，它改变了人们对于蜥脚类只存在于侏罗纪时期的认识。此后，许多同种的巨大恐龙化石在北美洲、非洲、亚洲被发现，而且对于古地理、古气候以及大陆板块漂移研究都有重要的科学价值。

四肢：
粗壮，足掌
有尖爪

蛮龙
Torvosaurus
科属：斑龙科、蛮龙属

蛮龙生活
在 1.6 亿至 1.45 亿
年前的中侏罗纪牛津阶至晚侏
罗纪的提通阶，是侏罗纪体形
最大的兽脚亚目恐龙和最大的
肉食性恐龙，也是在欧洲发现
的最大的肉食性恐龙。蛮龙牙

背部：
分布着一排神经棘

后腿：
健壮有力

齿长而粗壮，最大的牙齿长度
达到 13 厘米。

食性：属肉食性恐龙，以大型植
食性恐龙为食，如蜥脚类和剑龙
类恐龙。

化石分布：美国、葡萄牙、西班
牙与德国，乌拉圭亦发现疑似蛮
龙的化石。

物种命名者：彼得·加尔东、詹姆
斯·詹森

物种小课堂：2019 年 12 月，古
生物学家描述了乌拉圭出土的大
型兽脚类恐龙牙齿，通过观察牙
齿的形态、锯齿形态、齿冠高度
以及长度比例等，认为这些牙齿
和蛮龙最接近。假设这些牙齿属
于蛮龙，那么这可能是第一次在
南美洲发现恐龙遗骸。

生存年代：侏罗纪中期至晚期	体长：未知	体重：未知	食性：肉食

矮异特龙
Dwarf allosaurs
科属：异特龙科、异特龙属

矮异特龙为中型两脚肉
食性恐龙，比异特龙小，是一
种凶恶的肉食性恐龙。矮异特
龙生存在白垩纪早期，它们通
常隐藏在暗处，在带有幼崽的
木他龙等植食性恐龙成群经过
的时候，对其发起攻击。

后腿：
粗壮有力

牙齿：
巨大，交错分布

食性：属肉食性恐龙，以植食性
恐龙为食。

化石分布：澳大利亚。

物种小知识：科学家在澳大利亚
的奥图华雷吉发现一根关节骨，
这是一只侏罗纪肉食性恐龙异特
龙后裔的骨头，但比异特龙矮，

所以得名"矮异特龙"。由于证据
较少，这样的认定引来了争论。
这根骨头虽无法显示恐龙的大小，
但它属于兽脚类恐龙，而大多数
兽脚类恐龙都是肉食性恐龙，因
此可以确定当时一定有一只巨大
的掠食者。

生存年代：白垩纪早期	体长：约 7 米	体重：约 1.5 吨	食性：肉食

奥卡龙

Aucasaurus

科属：阿贝力龙科、奥卡龙属

牙齿：
尖锐，适合
撕咬猎物

奥卡龙体形中等，和成年北极熊差不多大。其化石发现于阿根廷地区，地质年代为白垩纪晚期的坎帕阶。奥卡龙的头颅骨厚实，上面有洞孔，可以有效减轻头部重量。体形比其近亲食肉牛龙小，但手臂较长，奔跑速度也较快。奥卡

龙头部有着非角状的肿块，颅骨的高度与长度几乎一样，眼眶略突出。它们的前肢有退化迹象，后腿非常结实，脚部有三个脚趾，适合抓紧地面。

生活习性：奥卡龙为群居恐龙，经常集体出去狩猎。它们通常会把卵产在平原和丛林的交界处，然后便随集体离开，恐龙蛋依靠热量和阳光来孵化。奥卡龙的团队狩猎默契度很高，它们会埋伏在灌木丛中，之后一只奥卡龙会借着掩护沿森林内侧靠近猎物，而另外的恐龙则走相反路线，从平原直击目标。

食性：属肉食性恐龙。

化石分布：阿根廷。

物种命名者：罗多尔夫·科里亚等。

生存年代：白垩纪晚期	体长：约 5 米	体重：约 750 千克	食性：肉食

超龙

Supersaurus

科属：梁龙科、超龙属

体形：
巨大，颈部
及尾巴极长

尾巴：
细长且灵活，
用来平衡身体

超龙生活在侏罗纪晚期，其化石在 1972 年被发现于美国科罗拉多州的莫里逊组岩层的盆地段。超龙的化石并不完整，只有肩胛骨、

骨盘、肋骨。超龙体形巨大，仅一个脊柱就长达 1.4 米。

食性：属植食性恐龙。

化石分布：美国科罗拉多州。

物种命名者：詹姆斯·詹森。

物种小知识：超龙是由古生物学家詹姆斯·詹森在 1985 年所命名的。1979 年，在超龙发现点附近发现了另一背椎，1985 年，詹姆斯·詹森将其命名为巨超龙。巨超龙的模式标本后被发现属于超龙，还有可能和超龙的模式标本来自同一个体，所以巨超龙被认为是超龙的次同物异名。因为超龙的命名时间早于巨超龙，有优先权，所以巨超龙这个名字未用上。

生存年代：侏罗纪晚期	体长：约 35 米	体重：约 66 吨	食性：植食

阿基里斯龙

Achillobator
科属：驰龙科、阿基里斯龙属

　　阿基里斯龙生活在约9 000万年前。阿基里斯龙体形很大，非常有可能是活动性很强的二足掠食性恐龙，其后脚第二个脚趾上有像镰刀一样的爪，它们可以用这样的爪子进行捕猎。最新分析表明，阿基里斯龙是驰龙科的亚科成员，和北美的犹他盗龙以及驰龙关系很近。

食性：属肉食性恐龙。

化石分布：蒙古。

物种命名者：蒙古古生物学家

尾巴：
细长灵活

后腿：
结实有力，第二趾上长
有镰刀状利爪

Altangerel Perle，美国的马克·诺瑞尔和吉姆·克拉克。

物种小知识：阿基里斯龙的属名非常有意思，名字包含两部分：一是"阿基里斯"，他是特洛

伊战争中的希腊武士，另一部分是"巴托"，在蒙古语中的意思是"武士"或"英雄"。

生存年代：白垩纪晚期	体长：约6米	体重：未知	食性：肉食

鄂托克龙

Otogosaurus
科属：盘足龙科、鄂托克龙属

　　鄂托克龙化石发现地为中国内蒙古的鄂托克旗，化石包括脚掌及右股骨，以及一些其他的骨头。根据化石推断，它有强壮的腰及背部，后背部很高，在同时代蜥脚类恐龙属于最高的。它的腰带及股骨十分粗壮，后腿长于前肢。鄂托克龙生活于邻近湖泊及植物的环境。

食性：属植食性恐龙。

化石分布：中国内蒙古自治区鄂托克旗阿尔巴斯苏木。

背部：
强壮，后背部很高

双腿：
后腿长于前肢

物种命名者：赵喜进。

考古小课堂：根据推测，鄂托克龙生活在距今约8 000万年前的白垩纪晚期，那时候的环境是一片湖泊的边缘，生长着繁茂的植物，适合恐龙生存与繁殖。在鄂托克旗发现过大量恐龙脚印，这也可以有力证明该地区曾存在很多恐龙。

生存年代：白垩纪晚期	体长：约15米	体重：未知	食性：植食

大盗龙

Megaraptor
科属：大盗龙类、大盗龙属

大盗龙意为"巨大的盗贼"，是生活于白垩纪时期的兽脚亚目恐龙。大盗龙的化石被发现于阿根廷，其骨骼化石很不完整，仅包括一根镰刀状的利爪、跖骨、尺骨和一根指骨。大盗龙外形修长，性情凶猛，善于奔跑，速度比较快，可以依靠长尾巴来保持身体的平衡。

你知道吗？ 大盗龙类提高了我们对于虚骨龙次亚目的基底辐射演化和暴龙超科作为一个整体的知识。修长的前肢以及长达 40 厘米的爪子是它们的显著特征，这些都使它们善于捕捉猎物。

食性： 属肉食性恐龙。

化石分布： 阿根廷巴塔哥尼亚。

物种小知识： 1998 年，一块足爪化石在内乌肯被发现，这个化石属于新的恐龙，科学家命名其为"大盗龙"。科学家推测大盗龙是迅捷而致命的掠食者，它们用脚趾上的长爪来撕开猎物。根据爪子的长度，当时推测大盗龙的体长超过 8 米。

生存年代：白垩纪晚期	体长：超过 8 米	体重：未知	食性：肉食

高桥龙

Hypselosaurus

科属：萨尔塔龙科、高桥龙属

　　高桥龙生活于白垩纪晚期，化石分布在法国、西班牙、罗马尼亚。高桥龙的脚非常粗厚。

食性： 属植食性恐龙。

化石分布： 法国、西班牙。

物种命名者： 菲利普·马特隆。

物种小知识： 目前所发掘到最大的恐龙蛋化石属于高桥龙所下的蛋，这颗蛋大约有 30 厘米长，而蛋壳约 2 厘米厚。即使巨大的蜥脚类恐龙，如超龙，它的蛋也不会比这大很多。因为体积越大，蛋壳就要越厚才可以保护蛋不会破碎。蛋壳更厚的话，会面临两个困难：一是无法让氧气自由穿透，所以未成形的胚胎无法持续孵化；二是会导致孵化完成的幼体很难出壳。

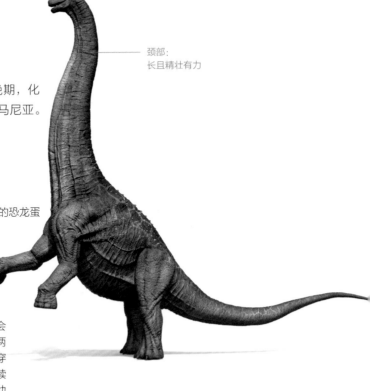

颈部：
长且精壮有力

| 生存年代：白垩纪晚期 | 体长：约 12 米 | 体重：约 10 吨 | 食性：植食 |

尾巴：
较长，用来平衡身材

头部：
相对于颈部较小

身体：
皮肤表面可能分布着
肉状棘刺

似鹈鹕龙

Pelecanimimus
科属：似鸟龙科、似鹈鹕龙属

　　似鹈鹕龙是一种生活在白垩纪时期的兽脚亚目恐龙，和现代的鹈鹕很像，也是欧洲发现的第一种似鸟龙。化石被发现于西班牙，头颅骨长而窄，它有大约 220 颗牙齿，数量超过了其他已知的兽脚亚目恐龙。它的牙齿属于异型齿，上颌前段的牙齿宽广，后段的牙齿呈刀状。它的身上存在着长有羽毛的证据。

生活习性： 性情凶猛，攻击性极强。似鹈鹕龙化石发现地接近中生代的湖泊，所以推测它们可能会进入浅水区捕鱼，并在吞咽前将食物储存在颊囊中。

颈部：
修长、灵活

足部：
长有尖锐的趾爪

物种小知识： 马克维奇等人在 2005 年的研究中推测，似鹈鹕龙是似鸟龙下目中最基础的成员。还有研究则显示，似鹈鹕龙的发现在似鸟龙下目的演化发展上有重要作用。其正模标本发现于西班牙，地质年代为早白垩纪早巴列姆阶，在这个地层也发现了很多保存良好的化石，包括反鸟亚纲的伊比利亚鸟以及少数破碎的蜥脚下目恐龙骨头等。

生存年代：白垩纪早期	体长：约 2 米	体重：未知	食性：肉食

牙齿：
属异型齿，数量极多

尾巴：
细长且灵活

食性：属肉食性恐龙。

化石分布：西班牙。

物种命名者：佩雷斯·莫瑞奥。

后腿：
纤长有力，
善于奔跑

前肢：
长有锋利的指爪

特暴龙

Tarbosaurus
科属: 暴龙科、特暴龙属

特暴龙又称巴氏霸王龙、勇猛特暴龙，生活于7 400万至7 000万年前的白垩纪晚期。其化石大部分被发现于蒙古，在中国也发现了很多破碎的骨头。大多数人认为特暴龙和霸王龙十分相似，除了前肢更小和体形纤细外，其他形态特征与霸王龙几乎一模一样。特暴龙是最大型的暴龙科动物之一，拥有数十颗大而锐利的牙齿。

牙齿: 锋利，呈三角形，能不断生长更新

食性: 属大型二足肉食性恐龙，位于食物链的顶端，可能以其他大型恐龙为食。

化石分布: 蒙古、中国。

物种命名者: 董枝明。

物种小知识: 目前发现的最大型的特暴龙颅骨长度超过1.3米。和霸王龙一样，特暴龙的颅骨较为高大，前端较狭窄，但特暴龙的颅骨扩张幅度不大，所以它们的立体视觉没有霸王龙好。

你知道吗? 特暴龙意为"令人害怕的蜥蜴"。2012年5月，美国赫里蒂奇拍卖行以高价出售一具特暴龙骨骼化石，是目前已知最完整的暴龙类恐龙化石之一。蒙古政府对此表示抗议，称这具特暴龙化石被非法偷运出境。拍卖行对此反驳，随后法院查没了该化石。2013年4月16日，这具特暴龙化石在海关登记运回蒙古，于2013年5月6日抵达蒙古。

| 生存年代: 白垩纪晚期 | 体长: 约12米 | 体重: 8~14吨 | 食性: 肉食 |

前肢：
短小

尾巴：
长且粗壮

后腿：
健壮有力

头部：
头颅骨巨大、
结实

马拉维龙

Malawisaurus
科属：岩盔龙科、马拉维龙

马拉维龙生活于白垩纪早期，是最早的泰坦巨龙类之一。化石被发现在马拉维地区。模式种是马拉维龙。最初被命名为巨太龙，但容易和南方巨兽龙混淆，所以改为马拉维龙。身长估计约 16 米。它们可能身披鳞甲，头部短小，颈部较长。

颈部：
极长

四肢：
粗壮有力

尾巴：
细长且灵活

食性：属大型植食性恐龙。

化石分布：马拉维。

物种命名者：雅各布斯。

物种小知识：马拉维龙是目前非洲最古老的泰坦巨龙科恐龙，历史可以追溯到 1 亿多年前。马拉维龙身上可能有防护甲板，但是骨板化石至今未找到。一些马拉维龙的化石的确含有颅骨，这在泰坦巨龙乃至蜥脚龙群中都十分罕见。最近人们在马达加斯加附近发现了泰坦巨龙的遗骸，并含有部分颅骨。

生存年代：白垩纪早期	体长：约 16 米	体重：约 10 吨	食性：植食

美扭椎龙

Eustreptospondylus
科属：斑龙科、美扭椎龙属

美扭椎龙生活于侏罗纪中期卡洛维阶，1.65 亿至 1.61 亿年前。美扭椎龙体形较大，有坚实的尾巴，后肢十分强壮，前肢则较小。它的头颅骨有空腔，可以减轻重量，前肢有三根指头。美扭椎龙的唯一

尾巴：
结实且灵活

后腿：
强壮有力

前肢：
较短，长有锋利的指爪

标本为未完全成长的个体。

食性：属肉食性恐龙。

化石分布：英国。

物种命名者：艾力克·沃克。

物种小知识：美扭椎龙由理查德·欧文于 1841 年首次描述，认为是斑龙的一个新物种。这个标本是在英格兰牛津市北部的一个砖窑中发现，但曾一度遗失。1964 年，艾力克·沃克将找回的化石与其描述比较，发现它应该为另一个属，因此将其命名为牛津美扭椎龙。

生存年代：侏罗纪中期	体长：约 5 米	体重：约 1 吨	食性：肉食

第二章：

鸟臀目恐龙

〉〉

　　鸟臀目恐龙也称为鸟盘目恐龙，意思是"如鸟类般的臀部"，这是因为这类恐龙拥有与鸟类相似的骨盆结构。

　　鸟臀目恐龙是一类有喙的植食性恐龙，其前齿骨与上颌的前上颌骨互相咬合，呈类似鸟嘴的形状，可以撕裂食物。

莱索托龙

Lesothosaurus
科属：法布龙科、莱索托龙属

牙齿：
箭头形的牙齿有
利于咬住食物

体形：
小巧，体长 1 米左右

　　莱索托龙是一种比较小巧的鸟脚类恐龙，体形不大，体长大概 1 米，体重大概 10 千克，根据已发现的化石推测，莱索托龙生活在侏罗纪早期的莱索托地区。莱索托龙是一种植食性的恐龙，主要食物是一些树叶、果实等。牙齿是箭头形的，比较适合咬住食物。颌骨仅能上下运动，咀嚼时，上下齿相互吻合，便可咬断食物。莱索托龙动作敏捷，可以快速奔跑。

生活习性：身体轻盈，优雅的长腿和中空的骨骼轻巧又强壮。颌部只能上下移动，所以它们可能不会磨碎植物，只能咬断植物。莱索托龙在进食的时候也保持高度警觉，不时地四处张望，以防止肉食性恐龙的袭击。莱索托龙个头小，但身体结构上的良好平衡性使它们动作敏捷，所以它们可以在资源有限而又充满危机的环境里很好地生活。

你知道吗？ 莱索托龙生存在侏罗纪早期潮湿的莱索托地区，化石发现于上艾略特组地层。曾在一个洞穴中发现两个恐龙挤在一起，所以推测它们可能会夏眠。

食性：属植食性恐龙，吃树叶、果实等。

化石分布：美国、加拿大。

物种命名者：彼得·加尔东。

前肢：
较短，灵活敏捷

双腿：
健壮有力，能够
很好地支撑身体

生存年代：侏罗纪早期	体长：约 1 米	体重：约 10 千克	食性：植食

橡树龙

Dryosaurus
科属：橡树龙科、橡树龙属

眼睛：
很大，前面有支撑的骨头，视力可能比较好

　　橡树龙是一种生活于侏罗纪晚期的橡树龙科恐龙，体形中等。橡树龙的眼睛很大，前面有一根特殊的骨头，这块骨头的作用可能是用来托起眼球和眼睛周围的皮肤。没有牙齿，只有锋利的颊牙，角质的嘴巴像鸟喙一样。前肢较短，有五根长指。橡树龙后腿很长，充满力量，奔跑速度也比较快。橡树龙的尾巴很坚硬，在它奔跑的时候，尾巴可以使身体保持平衡。

后腿：
长而有力，有助于奔跑

生活习性：可能是群居动物，并会保护孵化后的幼年个体。主要以两脚行走，擅长奔跑。受到威胁时，可以以最快的速度逃离。眼睛很大，所以视力可能比较好。

食性：属植食性恐龙，以柔软细嫩的植物为食。

化石分布：美国、坦桑尼亚。

物种命名者：奥塞内尔·查利斯·马什。

嘴部：
呈喙状

牙齿：
无常规牙齿，但有锋利的颊齿

物种小知识：橡树龙只有一个种，在 1878 年被叙述、命名。它的体形以及某些特征非常类似棱齿龙科恐龙，但科学家认为橡树龙不属于棱齿龙科。橡树龙有很多白垩纪禽龙类的特征，所以可能是禽龙类直系祖先的近亲。

生存年代：侏罗纪晚期	体长：3~4 米	体重：约100 千克	食性：植食

腱龙

Tenontosaurus

科属：禽龙科、腱龙属

腱龙是一种生活在白垩纪早期的恐龙。最开始腱龙被认为是棱齿龙科的恐龙，后来才被认为是一种非常原始的禽龙类。目前发现的只有腱龙的前肢化石，因此对于腱龙的研究还不是很全面。据推测，腱龙体形很大，但是防卫能力比较差，常常抵御不了敌人的袭击。另外，腱龙是一种四足行走的恐龙，它的前肢有爪，可以用爪攻击敌人。腱龙还有一条又粗又长的尾巴，这是腱龙攻击敌人的武器，当然，这不能跟其他肉食性恐龙的厉害程度相比。

尾巴：
又粗又长，是防御敌人的一种武器

头部：
较小

生活习性：腱龙性格温和，喜欢群居，能在"群龙逐陆"的白垩纪存活，靠的是其集体自卫能力。腱龙看上去又大又笨，有一条长且粗的尾巴，它可以用脚踢打对方，或者把尾巴当作鞭子，但它还是不能和恐爪龙这样凶猛且迅速的恐龙相比。

食性：属植食性恐龙。

化石分布：北美洲。

物种命名者：不详。

考古小课堂：2008 年在一个腱龙标本研究中发现了髓质组织。令人惊奇的是，这个标本的腱龙死亡时才八岁。这种情况表明恐龙普遍具有髓质组织，而且在未完成年前，就已经达到性成熟了。

趣味小课堂：腱龙生活在早白垩纪的北美大陆，当时和恐爪龙化石一起被发现，科学家认为腱龙当时可能正在被恐爪龙攻击。从化石的形态来看，应该是一只腱龙正在被几只恐爪龙围攻，这也是腱龙生活的一个剪影。

四肢：
前肢有利爪，后腿比前肢要健壮

体形：
很大，但并没有很强的防卫能力

生存年代：白垩纪早期	体长：7~10 米	体重：约 5 吨	食性：植食

冠龙

Corythosaurus
科属：鸭嘴龙科、冠龙属

头顶：
有中空的冠

前肢：
比较短，
没有利爪

冠龙，又名盔龙、鸡冠龙、盔头龙、盔首龙，是一种生活于白垩纪晚期，距今约 7 500 万年的鸭嘴龙科恐龙。根据化石推测，冠龙体形巨大，体长可达 10 米，皮肤表层凹凸不平，头顶上有个中空的冠。它的喙部没有牙，嘴里有上百颗牙齿，冠龙会用喙嘴咬断树叶和树枝等食物，然后再用口腔内部成排的牙齿咀嚼。冠龙的前肢比较短，后腿长，它的前肢没有利爪，身上也没有盔甲、棘刺等可以抵御肉食性恐龙的袭击，行走时依靠两条腿。另外，冠龙的尾巴又长又粗壮，有平衡身体的作用。据推测，冠龙是群居恐龙，性情较温和，依靠发达的视力和听力去洞悉外界，是一种比较聪明的恐龙。

生活习性：冠龙的体形比较大，跑动起来带起的尘土足可以震慑敌人。它们的牙齿可以对付比较坚硬的食物，不至于饿肚子。脚趾上没有利爪，身上没有盔甲、棘刺，所以它们依靠敏锐的视觉和听觉来预防危险。性情温和，不善于和其他恐龙打斗，有大型肉食性恐龙进攻时，冠龙一般会选择躲避。

食性：属植食性恐龙，吃细树枝或树叶。

化石分布：美国、加拿大。

视力：
可能较为发达

皮肤：
表层凹凸不平

尾巴：
长且粗壮，有平衡身体的作用

物种命名者：巴纳姆·布朗。

考古小课堂：1912 年在加拿大红鹿河谷附近发现了冠龙的化石，不同的是，科学家不但发现了完整的冠龙骨骼化石，还发现了其皮肤化石。目前为止，科学家已发现 20 多个冠龙头骨化石。

趣味小课堂：冠龙因其头上有一个像鸡冠的骨质头冠而得名。科学家认为，盔龙脸上有皮囊。它们可以将皮囊鼓起成球状，传递报警信号或者吸引异性。

生存年代：白垩纪晚期	体长：约 10 米	体重：约 5 吨	食性：植食

青岛龙

Tsintaosaurus spinorhinus
科属：鸭嘴龙科、青岛龙属

青岛龙一般指棘鼻青岛龙，是一种生活在白垩纪晚期的鸭嘴龙科恐龙，其化石被发现于中国青岛附近莱阳地区，也是我国首次发现的完整的恐龙化石。根据化石推测，青岛龙头顶上有一只细长的角，关于这只角的倾斜方向和作用，外界众说纷纭。比较多的人认为这是个顶饰，是在相当靠后的鼻骨上长着的一条带棱的棒状棘，很像独角兽的角。青岛龙坐骨末端呈足状扩大。

头顶：
长有一只细长的角

四肢：
前肢较后腿短

生活习性：青岛龙并不擅于奔跑，本身不具备什么防御武器，只适合在淡水湖泊生活。以四足行走，遭遇猎食者袭击时，会用粗壮的后足快速奔跑，也会以群居生活的方式来抵抗猎食者的攻击。

食性：属植食性恐龙，主要以树叶、果实和种子为食。

化石分布：中国山东省。

物种命名者：杨钟健。

考古小课堂：1950 年，周明镇博士指导学生在莱阳金岗口村进行野外地质训练时，发掘到骨骼与蛋化石。1951 年，中国恐龙研究之父杨钟健到莱阳，和山东大学合作发掘出中国第一具最完整的青岛龙化石骨架。1958 年，北京自然博物馆考古人员，在莱阳金岗口村西沟又发现一具完整的青岛龙化石骨架。

你知道吗？ 关于以"青岛龙"来命名在莱阳发现的恐龙，董枝明教授解释说："当时杨教授的发掘大本营在青岛，所以在三个多月的过程中，他奔波在青岛与莱阳之间，一些研究工作是放在青岛做的，因此展览也放在了青岛。"加上当时山东大学所在地也在青岛，杨教授也念周明镇博士等人的功劳，所以诸多原因使杨教授将"莱阳龙"命名为"青岛龙"。

生存年代：白垩纪晚期	体长：约 7 米	体重：约 1.5 吨	食性：植食

厚颊龙

Bugenasaura
科属：棱齿龙科、厚颊龙属

厚颊龙是一种生活在白垩纪晚期的棱齿龙科恐龙。根据保存下来的最好的厚颊龙脚部化石推测，厚颊龙的体形属于中等大小。厚颊龙的头部比较短，在上颌骨及齿骨处有明显的隆起部位，研究者推测那是面颊肌肉的连接点。由于所发现的化石资料有限，目前所了解的厚颊龙的骨骸结构也比较少，只是与其他棱齿龙科恐龙对比得知它们可能是两足行走的恐龙。

食性： 属植食性恐龙。

头部：
比较短，在上颌骨及齿骨处有明显的隆起部位，可能是面颊肌肉的连接点

后腿：
粗壮有力，肌肉发达，两足行走

尾巴：
长且灵活，用来平衡身体

化石分布： 美国南达科他州、蒙大拿州。

物种命名者： 高尔顿。

物种小知识： 除头颅骨和脚跟的差别之外，厚颊龙就像放大的奇异龙，它们都属于白垩纪至第三纪灭绝事件之前的最后一群恐龙。厚颊龙和霸王龙、三角龙、埃德蒙顿龙、甲龙以及肿头龙生存在同一地区。

生存年代：白垩纪晚期	体长：约4米	体重：未知	食性：植食

卡戎龙

Charonosaurus
科属：鸭嘴龙科、卡戎龙属

卡戎龙又称查龙或冥府渡神龙，是一种生活于白垩纪晚期的鸭嘴龙科恐龙。据推测，卡戎龙的体形巨大，模式标本是一个发现于黑龙江的头颅骨，地质年代为白垩纪晚期的马斯特里赫特阶。卡戎龙的后腿健壮，有利于行走和奔跑。

头顶：
有一个长冠，可震动骨头中空气发声，用来传送消息或吸引异性

后腿：
肌肉发达，有利于行走和奔跑

生活习性： 卡戎龙在觅食的时候用四条腿慢慢走路，遇到敌人追捕的时候就立刻抬起两只前脚，用它那长而有力的后腿赶快逃跑。头顶有一个冠，类似一根管状骨头，这管状骨头是中空的，当卡戎龙震动骨头中空气的时候，外界就好像听到一串低音的长号一样。据推测，这种声音是卡戎龙为了让同伴知道它所在的位置，或者是作为一种信号来通知同伴附近有危险。

食性： 属植食性恐龙。

化石分布： 中国黑龙江省。

物种命名者： 迦得弗利兹、赞·金。

生存年代：白垩纪晚期	体长：约13米	体重：约7吨	食性：植食

弯龙

Camptosaurus
科属：弯龙科、弯龙属

　　弯龙是一种生存时期比较特殊的恐龙，它们在侏罗纪末期出现，到白垩纪灭绝，时间具有交叉性。弯龙是禽龙的近亲。弯龙的头骨比较小，牙齿排列紧密，牙齿的两侧锯齿边缘有明显的棱脊，比橡树龙更明显。弯龙的前肢有5根指，前3根有指爪。拇指最后一节呈尖状结构，而禽龙的则是笔直的尖爪，这一点两者不同。从化石足迹显示，弯龙的趾间没有肉垫相连接，这一点也与禽龙不同。弯龙脊椎骨神经棘侧边的筋腱呈现交错形态，这样可以使得弯龙的脊部比较直挺。弯龙是一种四足行走的恐龙，体形比较大，成年弯龙体长可达7米。

前肢：
有5根指，前3根有指爪，拇指最后一节呈尖状结构

后腿：
比前肢长，起支撑作用

生活习性：群居生活，栖息于开阔林地，身体笨重，行动迟缓，大部分时间都用四肢着地，也可以用后腿直立起来躲避天敌。以四肢来步行，也可以以双足步行。叶状牙齿位于嘴部后段，拥有骨质次生腭，使它们进食的同时可以呼吸。

食性：属植食性恐龙，吃低处的植物。

化石分布：欧洲西部、美国西部。

生存年代：侏罗纪末期至白垩纪早期	体长：5~7米	体重：约1吨	食性：植食

脊背：
神经棘侧边的筋腱
呈现交错形态

头部：
头骨小

尾巴：
细长

你知道吗？弯龙的敌人为肉食性的兽脚类龙，比如高脊龙。捕食者一般藏在暗处，等待时机袭击没有警戒心的弯龙，并且会用利爪和锋利的尖牙置它们于死地，没有反抗能力的弯龙因此成为掠食者的美餐。

物种命名者：奥塞内尔·查利斯·马什。

物种小知识：弯龙属有可能为禽龙科及鸭嘴龙科祖先的近亲，体形比橡树龙、德林克龙、奥斯尼尔洛龙大。相比莫里逊组的其他鸟脚类恐龙，弯龙牙齿排列更加紧密，牙齿两侧和锯齿边缘有较明显的棱脊。

背部：
有一排神经棘

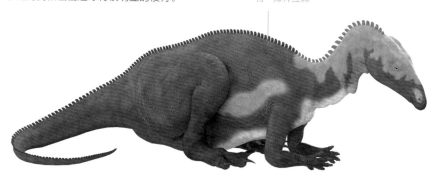

帕克氏龙

Parksosaurus

科属：棱齿龙科、帕克氏龙属

嘴巴：
喙状嘴

前肢：
短而强壮

后腿：
长而有力，利于
行走

帕克氏龙是一种生活于白垩纪晚期距今 7 000 万年的棱齿龙科恐龙。帕克氏龙体形不大，拥有中等长度的颈部、小型头部、喙状嘴、短而强壮的前肢以及长而强壮的后腿，帕克氏龙的胸侧肋骨有薄的软骨骨板。目前还没有对于帕克氏龙体形的详细估计值。帕克氏龙的化石包含一个关节相连的部分头颅骨与部分骨骸，显示它们为小型二足恐龙。

生活习性：当帕克氏龙遇到危险时会迅速地逃离，可见这是一种胆子很小的恐龙。其嘴巴看起来略干瘪，喜欢啃食矮小植物的叶子。

食性：属植食性恐龙。

化石分布：北美洲。

物种命名者：查尔斯·斯腾伯格。

生存年代：白垩纪晚期	体长：2~2.5 米	体重：未知	食性：植食

冠长鼻龙

Lophorhothon

科属：鸭嘴龙科、冠长鼻龙属

鼻子：
有冠饰

体形：
很大，体长 15 米左右

冠长鼻龙是一种生活于白垩纪晚期的恐龙，体形很大。冠长鼻龙的化石在 20 世纪 40 年代被发现于美国亚拉巴马州达拉斯县。根据已发现的化石，冠长鼻龙的标本包含小半个头颅骨、数节脊椎以及大部分前后腿。这个标本很有可能经由河流冲入海洋，下沉及埋藏在密西西比河海湾的碳酸盐沉积淤泥中。

食性：属植食性恐龙。

化石分布：美国。

物种命名者：兰斯顿。

物种小知识：据研究，有人把冠长鼻龙认为是原栉龙的幼年个体，还有人认为冠长鼻龙属于原始禽龙类，但这些假设都没有被普遍接受。被普遍接受的是冠长鼻龙属于原始鸭嘴龙科恐龙。

生存年代：白垩纪晚期	体长：约 15 米	体重：未知	食性：植食

包头龙

Euoplocephalus
科属：甲龙科、包头龙属

包头龙又名优头甲龙，是一种生活于白垩纪晚期的恐龙。包头龙体形中等，外形比较像坦克。眼睛周围有骨质眼皮保护眼睛，鼻腔很大，颈部有骨质碟片包裹着，背上长满了尖刺，有的地方有明显的凸起。三角形的尖角保护着新包头龙的肩膀、尾巴等部位。

眼睛：
周围有骨质眼皮保护眼睛

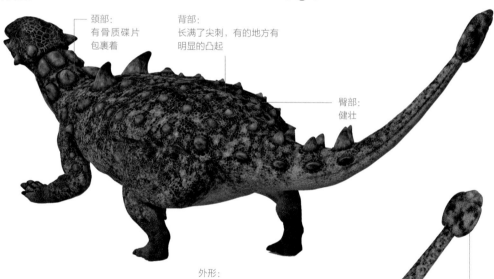

颈部：
有骨质碟片包裹着

背部：
长满了尖刺，有的地方有明显的凸起

臀部：
健壮

食性： 属植食性恐龙，主要食物是一些蕨类植物。

化石分布： 美国、加拿大。

物种命名者： 劳伦斯·赖博。

你知道吗？包头龙的臀部很健壮，四肢短而粗壮。尾巴末端有一个呈球状的硬质物，据推测，这个球状物是在遇到外界袭击的时候用来挥动反击的。

外形：
体形中等，体长约6米，重约2吨，外形像一辆坦克

尾巴：
末端有一个呈球状的硬质物

生存年代：白垩纪晚期	体长：约6米	体重：约2吨	食性：植食

145

禽龙

Iguanodon

科属：禽龙科、禽龙属

体形：
巨大

牙齿：
有锯齿状刃口，
与鬣鳞蜥的牙齿
比较相像，上颌
骨两侧各有 20 多
颗牙齿

禽龙是一种生活在白垩纪早期 1.4 亿至 1.2
亿年前的恐龙，体形很大，有的身长可达 9 米。牙
齿有锯齿状刃口，与鬣鳞蜥的牙齿比较相像，上颌骨左
右两侧各有 20 多颗牙齿，当嘴巴闭合时，禽龙上下颌的
颊齿表面会互相磨合咀嚼食物。禽龙是两足行走的恐龙，后
腿比较发达，利于行走。有一条又长又粗的尾巴，而且比较
坚挺，这条尾巴可以起到平衡身体的作用。发现的禽龙化
石比较完整，有的化石成群，推测它们曾经结群而行。

生活习性： 前肢有锐利的爪子，可
能是用来抵抗掠食者的，同时也可
以在进食时捧食。小指纤细而灵活，
可协助勾取食物。

食性： 属植食性恐龙，可以吃一些
坚硬的树枝、果实等。

爪子：
类似短剑，锐利，
可用来抵抗掠食
者或捧食食物

前肢：
较长，约为后腿的 75%

生存年代：白垩纪早期	体长：约 9 米	体重：3~8 吨	食性：植食

背部：
较平，有鳞状中线，
延伸至尾部

后腿：
粗壮有力，肌肉发达，
每个脚掌有 3 个脚趾，
利于行走

尾巴：
又长又粗，比较
坚挺，具有平衡
身体的作用

物种命名者：吉迪恩·曼特尔。

你知道吗？ 曼特尔几乎全部按照鬣蜥来复原禽龙，认为禽龙能够长到
12 米。他在禽龙的化石里发现圆锥形的角状物，他认为那是禽龙的角，
应该长在鼻子上。后来人们发现，那应该是禽龙手指上的爪子。曼特尔
死后，英国理查德·欧文先生认为禽龙有 60 多米长，并制作了巨大的禽
龙模型，甚至还在模型的肚子里举办宴会。1878 年，人们在比利时发现
了大量化石，让大家知道了禽龙的样子。

化石分布：比利时、英国、
德国。

沉龙

Lurdusaurus

科属：禽龙科、沉龙属

沉龙是一种生活于白垩纪早期 1.21 亿至 1.12 亿年前的恐龙。它的名字由来是因为它的体形很大，据推测，沉龙的体长达 9 米，体重有 12 吨。它的化石被发现于尼日尔。沉龙的前肢比较短，但是很粗壮，和许多禽龙类恐龙相似，在沉龙的拇指上有针状的指爪，沉龙可能会用指爪防御外界的进攻。颈部长约 1.6 米，尾巴相较于其他鸟脚类恐龙较短。因为沉龙的体形比较笨重，所以在奔跑的时候速度很慢，如果遇到敌人攻击，它不容易逃离。

体形：
巨大、笨重

尾巴：
较短

生活习性：沉龙可能行动缓慢，当遭受攻击时，不能快速奔跑躲避掠食者，但其身体很低，低重心可以使它们快速旋转来面对掠食者。拇指的指爪可攻击掠食者的颈部或侧面，以此来保护自己。

食性：属植食性恐龙。

化石分布：尼日尔。

物种命名者：菲利普·塔丘特、戴尔·罗素。

生存年代：白垩纪早期	体长：约9米	体重：约12吨	食性：植食

加斯帕里尼龙

Gasparinisaura

科属：禽龙科、加斯帕里尼龙属

加斯帕里尼龙是一种生活于白垩纪晚期的禽龙科恐龙。加斯帕里尼龙体形较小，头部呈圆形，眼眶位于头颅骨相当高的部位。在加斯帕里尼龙颧骨前方位置有个细长骨突，被上颌骨与泪骨夹住，颧骨后段比较高。方颧骨有个长升突，接触鳞状骨，这是一种原始特征。前肢瘦长而后腿强壮，脚掌长，第一趾骨后缩呈夹板状，具有进阶型的特征。尾巴是呈三角形的骨骼，可以支撑身体平衡。

头部：
呈圆形，眼眶位于头颅骨相当高的部位

后腿：
强壮，脚掌较长

前肢：
瘦长

食性：属植食性恐龙。

化石分布：阿根廷。

物种命名者：罗多尔夫·科里亚、利安纳度·萨尔加多。

物种小知识：加斯帕里尼龙化石里的胃石，为圆形且光滑石头，平均直径约 8 毫米，以小堆的方式集中在腹部。这些石头约占整体体重的 0.3%，足够在胃部辅助磨碎食物。

生存年代：白垩纪晚期	体长：约2米	体重：约130千克	食性：植食

奇异龙

Thescelosaurus
科属：棱齿龙科、奇异龙属

奇异龙是一种生活于白垩纪晚期的棱齿龙科恐龙，体形中等，体长3米多。它的头部有长而尖的喙状嘴，上颌骨有牙齿，奇异龙的上颌骨与齿骨外侧，都有一道明显的棱脊。此外，上颌骨与齿骨的牙齿位于内侧深处，显示奇异龙在生前可能具有肉质的颊部，位于嘴部的两侧，肉质颊部可以咀嚼食物。奇异龙身体背部中线可能有小型鳞甲，前肢较小，后腿健壮，是两足行走的恐龙。奇异龙的长尾巴由骨化肌腱支撑，尾巴灵活性不高。

前肢：
较短小

考古小课堂：1998年9月，一群心脏血管专家集中在一起检视断层扫描影像，他们一致同意自己现在看到的是两个大型的房室，由一个隔板分隔，由此得出这就是心脏。2000年4月21日，《科学》刊登了这篇具有重大影响力的论文："恐龙，我找到了你的心脏——鸟臀类恐龙中高效能代谢速率的心脏血管证据。"这件珍贵的标本经由计算机影像分析显示，心脏拥有四个心房室，为双重活塞压缩的形式，有单一的主动脉系统。这项发现也论证了恐龙的循环系统和爬行动物相比演化得更为先进，也支持了"恐龙是温血动物"这一假说。

生活习性：骨架大而笨重的奇异龙可能行动较迟缓，为了弥补这一不足，它的背部皮下有骨质脊突，在遭受食肉动物的侵袭时可以在一定程度上保护它。以离地面一米内的植物为食，把食物放在肉质颊部以将其咀嚼。

食性：属杂食性恐龙。

化石分布：美国、加拿大。

物种命名者：吉尔摩。

背部：
背部中线可能有小型鳞甲

嘴巴：
喙状嘴，肉质颊部位于嘴部的两侧，可以咀嚼食物

尾巴：
坚实，但不够灵活

生存年代：白垩纪晚期	体长：约3.5米	体重：约300千克	食性：植食

赖氏龙

Lambeosaurus
科属：鸭嘴龙科、赖氏龙属

　　赖氏龙又名兰伯龙，是一种生活于白垩纪晚期 7 600 万至
7 500 万年前的鸭嘴龙科恐龙。赖氏龙以头顶的冠饰而著名，
赖氏龙的冠饰往前倾，冠饰里的垂直鼻管位在冠饰前部。
前肢有 4 个指，缺乏拇指，中间三指有爪，能够联
合在一起用力，显示赖氏龙能够以前肢支撑重
量，小指能够用来操作物体。赖氏龙的每个
脚掌只有中间 3 个脚趾。赖氏龙的长尾巴
由骨化肌腱支撑，尾巴坚挺。在进食上
比其他鸭嘴龙科的恐龙更具选择性。
另外，赖氏龙采用二足或者四足
方式行走。

身体：
皮肤厚，有不规则
排列的多边形鳞片

头顶：
冠饰往前倾，
垂直鼻管位在
冠饰前部

前肢：
有 4 个指，
缺乏拇指

生活习性：赖氏龙的牙齿是不断生长的，使用喙状嘴切割植物。头部可
做出研磨的动作，很像哺乳类的咀嚼。赖氏龙很喜欢水，吃完之后会去
水塘边喝水，像水牛一样。它的大型眼窝和巩膜环表明其有很好的视力，
为昼行性动物。

食性：属植食性恐龙，主要食物是树叶、果实等。

生存年代：白垩纪晚期	体长：约 9 米	体重：约 4 吨	食性：植食

尾巴：
由骨化肌腱支撑，
尾巴坚挺

脚掌：
每个脚掌只有
中间 3 个脚趾

化石分布：美国、加拿大、墨西哥。

物种命名者：帕克。

你知道吗？赖氏龙头顶有奇特的冠饰，它的鼻管绕经冠饰，使其大部分为中空。科学家认为这些冠饰的主要功能是存放盐腺，增进嗅觉或换气等。

趣味小课堂：赖氏龙在孵蛋的时候非常可爱，体形高大的它可以用后脚蹲下来，把前脚稍抬起，然后把臀部靠近产蛋的土坑，之后把蛋小心地下到坑里。想象一下，如此大的恐龙下那么小的蛋，还要确保不破裂，这的确需要耐心与毅力。

狭盘龙

Stenopelix
科属：狭盘龙科、狭盘龙属

　　狭盘龙又名细盘龙，是一种生活于白垩纪早期的恐龙，它的分类基于臀部特征，其化石分布在今德国等地区。在整个肿头龙类恐龙中，狭盘龙是比较基础的恐龙，体形不大。狭盘龙的标本缺少头颅骨。

头部：
较小

坐骨：
弯曲

四肢：
前肢短后腿长，
两足行走

食性：属植食性恐龙。

化石分布：德国。

物种命名者：冯·迈耶。

物种小知识：狭盘龙的分类过去曾有过争议。研究者最初根据其耻骨与髋臼不连接，以及坚固的尾部肋骨，而将其归类于肿头龙类。后来发现狭盘龙的耻骨与髋臼连接，而尾部肋骨其实是荐骨部位的肋骨。狭盘龙的坐骨弯曲、缺少闭孔，这是其他肿头龙类没有的特征，但其仍被认为属于肿头龙下目。

| 生存年代：白垩纪早期 | 体长：约1.5米 | 体重：未知 | 食性：植食 |

弱角龙

Bagaceratops
科属：弱角龙科、弱角龙属

　　弱角龙是一种生活于白垩纪晚期距今约 7 500 万年的恐龙。弱角龙口部没有牙，嘴鼻部有一个小角。是依靠喙来剪切树枝、树叶从而完成进食的。弱角龙有着较小的头盾以及三角形的头颅骨。弱角龙的化石被发现于蒙古。

头颅骨：
有头盾，还有呈
三角形的头颅骨

口部：
没有牙，依靠喙来剪切树
枝、树叶从而完成进食

食性：属四足行走的植食性恐龙。

化石分布：亚洲、北美洲。

物种命名者：玛利亚斯卡、奥斯莫斯卡。

物种小知识：研究认为，弱角龙比原角龙原始。弱角龙的化石有 5 个完整的头颅骨及 20 个部分头颅骨，最长的有 17 厘米，最短的只有 4.7 厘米。

| 生存年代：白垩纪晚期 | 体长：约1米 | 体重：约22千克 | 食性：植食 |

鹦鹉嘴龙

Psittacosaurus
科属：鹦鹉嘴龙科、鹦鹉嘴龙属

　　鹦鹉嘴龙是小型恐龙，头短宽而高，颧骨发达，往两侧突出。鹦鹉嘴龙依靠两足行走，它的前肢相较于后腿来说比较短小。研究人员还根据鹦鹉嘴龙的化石多被发现于湖泊沉积层、尾巴长有骨质筋腱、尾巴上方的鬃毛状物可能具有鳍的功能等各项证据推断，鹦鹉嘴龙有可能是半水生动物，尾巴的功能就像鳄鱼的尾巴，前肢拍打、后腿踢水。

生活习性：鹦鹉嘴龙不像其他恐龙有锋利的牙齿，据推测，鹦鹉嘴龙可能是依靠吞食胃石来协助磨碎、消化食物。它们无法用前肢把食物送进嘴里。可能为无定时活跃性的动物，只休息短暂的时间，觅食和活动跟白天黑夜没有太大相关性。

食性：属植食性恐龙。

化石分布：中国、俄罗斯、泰国。

物种命名者：亨利·奥斯本。

考古小课堂：鹦鹉嘴龙化石都发现于亚洲的早白垩纪沉积层，来自白垩纪早期的阿普第阶到阿尔布阶，1.23亿到1亿年前。几乎所有在中国北部和蒙古此地质年代的陆相沉积层，都有发现鹦鹉嘴龙化石。

你知道吗？ 鹦鹉嘴龙非常著名，并发现了超过400个标本，能够提供关于其详细的细节研究。曾在一个发现于中国的标本上发现了覆盖物，此标本非法从中国出口，并被德国的一个博物馆买下，之后同意归还给中国。该标本中，身体大部分覆盖鳞片，且较大鳞片以不规则样式排列，较小鳞片排列在较大鳞片之间。

前肢：
比后腿短小

后腿：
结实有力

嘴巴：
酷似鹦鹉的
嘴巴

| 生存年代：白垩纪早期 | 体长：1~2米 | 体重：约80千克 | 食性：植食 |

153

慈母龙

Maiasaura
科属：鸭嘴龙科、慈母龙属

　　慈母龙是一种大型恐龙，生活于
白垩纪晚期，约 7 400 万年前。慈
母龙的化石发现于双麦迪逊组。慈
母龙的脸看着像是鸭子的脸。它的喙里
没有牙，但是嘴的两边有牙。慈母龙的前肢
比后腿短，有一条长尾巴。慈母龙走路时用
四肢，而奔跑时用两条腿，且跑得很快。慈
母龙拥有典型鸭嘴龙科的平坦喙状嘴以及厚
鼻部。慈母龙的眼睛前方有小型的尖状冠饰，
头冠可能用在求偶时节，或作为物种内打斗
行为使用。慈母龙是植食性恐龙，可能生存
在内陆地区。

后腿：
粗壮，善于奔跑

背部：
有一排神经棘

生存年代：白垩纪晚期	体长：6~9 米	体重：约 4 吨	食性：植食

头部：
眼睛前方有小型尖
状冠饰

尾巴：
结实有力

生活习性：慈母龙群居生活，脑袋中等大小，所以偏聪明一些。可以用二足或四足行走。会把恐龙蛋生在自己窝里，并且会照看自己的小恐龙。古生物学家在美国同一地方发现大量的有恐龙骨骼以及蛋壳碎片的恐龙窝，所以他们认为，在北美洲曾经生活着很多慈母龙。它们生活在森林里，每年都会到同一个产卵区来产卵，也许还使用同一个窝。

食性：属植食性恐龙。

化石分布：美国蒙大拿州双麦迪逊组。

物种命名者：霍纳、马凯拉。

趣味小课堂：慈母龙的恐龙窝是在泥地上挖的坑，差不多和圆形饭桌一般大。成年恐龙在下蛋之前可能会用植物垫在窝底。之后雌恐龙在窝内产 18~40 枚蛋。科学家们推测，双亲可能会在窝旁保护着蛋，以免它们被偷走。母亲可能会卧在蛋上，来保持其温暖，需要去吃饭时，会由其他恐龙看护恐龙蛋。小恐龙出世之后，它们会照顾这些小宝宝，并喂食物。科学家推测，小恐龙在"家"中生活，直到它们长到可以离开家自己寻找食物。

河神龙

Achelousaurus
科属：角龙科、河神龙属

河神龙，又名阿奇洛龙，是一种生活于白垩纪晚期8 300万至7 400万年前的恐龙。河神龙体形中等，体长约6米。河神龙的嘴类似鹦鹉的喙，它最突出的特征是在鼻端及眼睛背后有隆起的部分，在颈的绉边末端有两只角。河神龙的化石是在美国蒙大拿州被发现的。据推测，河神龙是四足行走的恐龙。在同一地层发现的恐龙还有斑比盗龙、包头龙等。

尾巴：
较粗壮

四肢：
粗壮，支撑身体
和行走

物种小知识：河神龙的名字参考了希腊神话：阿克洛奥斯是古希腊的河神，他的一只角被英雄海格力斯所割断。目前所知的三个河神龙头颅骨在同一位置上都有隆起，而其他角龙在此位置都是角，仿佛它们的角是被拔掉的。河神龙的角看上去像是其他角龙特征的混合体。

头部：
长头盾顶端有
两只角

面部：
鼻端及眼睛背后有
隆起的部分

食性：属植食性恐龙，主要食物可能是树叶、果实等

物种命名者：史考特·山普森。

化石分布：北美洲。

体形：
中等，
肌肉发达

嘴巴：
类似鹦鹉的喙

| 生存年代：白垩纪晚期 | 体长：约6米 | 体重：约3吨 | 食性：植食 |

福井龙

Fukuisaurus

科属：鸭嘴龙科、福井龙属

福井龙是一种生活于白垩纪早期的恐龙。福井龙的化石于 1990 年被发现于日本福井县，是一个颅骨。据化石推测，福井龙是一种体形中等的恐龙，它的体长约 4.5 米，体重约 400 千克。福井龙采用

体形：
中等

二足或者四足的方式移动。从外形上来看，福井龙和禽龙、豪勇龙比较相像。

食性：属植食性恐龙，主要食物是树叶、树枝和果实等。

化石分布：日本。

物种命名者：小林快次、东洋一。

后腿：
健壮有力，
善于奔跑

生存年代：白垩纪早期	体长：约 4.5 米	体重：约 400 千克	食性：植食

装甲龙

Hoplitosaurus

科属：甲龙科、装甲龙属

装甲龙是一种生活于白垩纪早期的恐龙，是多刺甲龙的近亲，以罗马帝国的装甲步兵为名。装甲龙的化石被发现于美国南达科他州卡斯特县，化石是部分骨骼。根据化石推测，装甲龙体形中等，臀部高 1.2 米，身体两侧有尖刺位于荐骨位置。装甲龙的尾巴装甲基部中空。其他小鳞甲大小不同，基部实心。装甲龙的鳞甲作用可能是用来防御外界的。装甲龙是四足恐龙。

尾巴：
装甲基部中空

体形：
中等，体长约 3 米，
重 1~2 吨

食性：属植食性恐龙，主要食物是一些低矮植物。

化石分布：美国南达科他州。

物种命名者：查尔斯·惠特尼·吉尔摩。

你知道吗？装甲龙的外貌很"吓

人"，看起来像一辆装甲车。装甲龙的背上覆盖着很多骨甲，这些骨甲很重，呈五角形，布满全身。这些骨甲对装甲龙而言有重要的保护作用，在肉食性恐龙横行的时代，装甲龙能够长盛不衰，可以看出它的装甲功不可没。

生存年代：白垩纪早期	体长：约 3 米	体重：1~2 吨	食性：植食

157

鸭嘴龙

Hadrosaurs
科属：鸭嘴龙科、鸭嘴龙属

鸭嘴龙是一种生活于白垩纪晚期距今约 1 亿年的恐龙，它是一类大型的鸟臀类恐龙，在当时的生存数量很多。鸭嘴龙的前上颌骨和前齿骨的延伸和横向扩展，构成了宽阔的鸭嘴状吻端，因此被叫作鸭嘴龙。鸭嘴龙的头骨高，前上颌骨和鼻骨前后伸长，外鼻孔斜长。它的前上颌骨和鼻骨构成明显的嵴突，形成角状突起。前肢短小无力，后腿长而有力。

生活习性：鸭嘴龙长着菱形的牙齿，数量达 2 000 多个，被称为是恐龙世界的牙齿大户。家族观念强，成年恐龙会保护巢穴，并给幼龙喂食，直到幼龙长到可以自己出去觅食为止。在躲避霸王龙的攻击时，它偶尔会快速游行逃脱。

四肢：
前肢短小无力，
后腿长而有力

食性：属植食性恐龙，主要食物是柔软植物、藻类等。

化石分布：北美洲、北极洲、亚洲。

物种命名者：约瑟夫·利迪。

生存年代：白垩纪晚期	体长：约 10 米	体重：约 4 吨	食性：植食

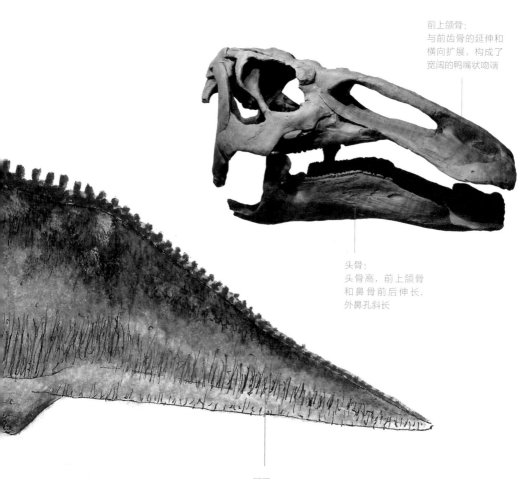

前上颌骨：
与前齿骨的延伸和
横向扩展，构成了
宽阔的鸭嘴状吻端

头骨：
头骨高，前上颌骨
和鼻骨前后伸长，
外鼻孔斜长

尾巴：
行走时向后直挺，
以保持身体平衡

你知道吗？鸭嘴龙属于鸟脚类恐
龙中进步最大的一大类。在亚洲
和北美洲等地，鸭嘴龙化石到处
都有发现。它是北美最早发掘的
恐龙。在中国，内蒙古、宁夏、
黑龙江、新疆、四川等地都曾发
现鸭嘴龙化石。

副栉龙

Parasaurolophus
科属：鸭嘴龙科、副栉龙属

嘴：
喙状嘴

前肢：
较短

　　副栉龙又名副龙栉龙，是一种生活于白垩纪晚期7 600万至7 300万年前的恐龙，亲近物种是卡戎龙。副栉龙的化石被发现于加拿大阿尔伯塔省、美国新墨西哥州和犹他州。目前已有三个被承认的种：沃克氏副栉龙、小号手副栉龙以及短冠饰的短冠副栉龙。副栉龙的头盖骨上有大型、修长的冠饰，冠饰往头后方弯曲。副栉龙皮肤痕迹显示它的皮肤上可能有瘤状鳞片。副栉龙使用它的喙状嘴来切割植物，并送入颚部两旁的颊部。前肢短，肩胛骨短而宽，股骨结实，骨盆粗壮，脊椎上的神经棘高大。

| 生存年代：白垩纪晚期 | 体长：约10米 | 体重：约4吨 | 食性：植食 |

头顶：
有大型、修长的冠饰，
冠饰往头后方弯曲

股骨：
结实，骨盆粗壮

生活习性：副栉龙的前肢健壮，行走的时候可以支撑身体，还可以用来游泳和涉水。在进食的时候，副栉龙会保持高度警惕性，一旦敌害靠近，会迅速逃离。其皮肤灰暗，是躲避袭击的有效工具。当它们在暗夜或丛林中时，就像变色龙，体色和周围环境融为一体，所以对掠食者很难发现。

食性：属植食性恐龙，主要食物是树枝、果实等。

化石分布：加拿大阿尔伯塔省，美国新墨西哥州、犹他州。

物种命名者：帕克。

物种小知识：1922 年副栉龙被首次叙述，因头盖骨上大型、修长的冠饰而著名。最亲近物种应该是在中国发现的卡戎龙，它们颅骨类似，具有相似的冠饰。这种结构也引起了不少科学文献的讨论，目前对于冠饰的主要功能的意见主要为辨别性别与物种、共鸣器和调节体温。

你知道吗？ 作为大型动物，副栉龙的冠饰可能是视觉辨认物。就像其他赖氏龙亚科的头颅骨，副栉龙的头颅骨形状和大小也可以用来辨认物种和性别间的差异。鸭嘴龙科的巩膜环和大眼眶，表明它们有很好的视力和日间习性。

皮肤：
可能有瘤状鳞片

原角龙

Protoceratops
科属：原角龙科、原角龙属

　　原角龙是一种比较有名的恐龙，它的家族比较庞大。原角龙是一种早期的角龙，拥有一些原始角龙的特征，它的头上还没有演化出角，只是在鼻骨上有个小小的突起。原角龙外形与三角龙相似，在它的头部后方并没有角，而是有头盾。头盾本身则有两个颅顶孔。头盾的大小与形状因两性异形和年龄变化而不同，有大有小。我国内蒙古曾经发现了大量原角恐龙的骨骼、巢穴、蛋的化石。

生活习性：脑袋和躯干很大，嘴的前部没有牙，嘴部肌肉比较发达，咬合力强，能够咀嚼坚硬的食物。头上长着个褶边一样的装饰，雄性的比雌性的大。原角龙是群居生活，把小恐龙生在自己的窝里。原角龙是四足恐龙，走路用四只脚，走得比较缓慢，可能为无定时活跃性的动物，只休息短暂时间，觅食以及活动和白天黑夜没有正相关。

食性：属植食性恐龙。

化石分布：中国、蒙古。

四肢：
短小

生存年代：白垩纪	体长：2~3米	体重：约300千克	食性：植食

体形：
肥胖

颊部：
有大型轭骨

牙齿：
嘴部有多列牙齿

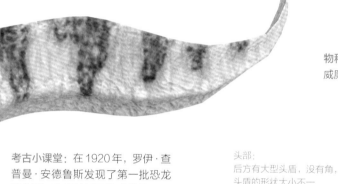

物种命名者：沃特·格兰杰、
威廉·格里高斯。

考古小课堂：在 1920 年，罗伊·查普曼·安德鲁斯发现了第一批恐龙蛋化石，直径接近原角龙的蛋，所以一度被认为是原角龙的恐龙蛋。1993 年，马克·诺瑞尔等人在被认为是原角龙的蛋里发现了偷蛋龙的胚胎，因此这个偷蛋龙其实处于自己蛋巢上方，是在保护或者孵化自己的蛋。2011 年，在蒙古发现一个原角龙蛋巢。这是第一个已确定的原角龙蛋巢，并可以推测原角龙会养育幼龙，有亲代养育习性。原角龙是比较原始的角龙类，所以后期角龙科有可能也有亲代养育行为。

头部：
后方有大型头盾，没有角，
头盾的形状大小不一

嘴巴：
大型喙状嘴

163

饰头龙

Goyocephale
科属：肿头龙科、饰头龙属

饰头龙是肿头龙类恐龙的祖先，主要分布在蒙古。它和其他肿头龙类恐龙一样，头部都拥有厚的头颅骨。饰头龙的化石由头骨、下颌以及其他一些不完整的碎片组成。体形并不是很大，其头骨与平头龙、倾头龙的头骨大小接近。

食性：属植食性恐龙。

化石分布：蒙古。

头部：
拥有厚的头颅骨

尾巴：
细长，灵活

体形：
不大，体长约2米，体重约40千克

物种命名者：珀尔等。

你知道吗？ 饰头龙的颅顶平坦，上颞孔发展良好，呈现节状凸起，这一点与平头龙有所接近，但两者身体比例不同。

| 生存年代：白垩纪晚期 | 体长：约2米 | 体重：约40千克 | 食性：植食 |

重头龙

Gravitholus
科属：肿头龙科、重头龙属

重头龙是一种生活于白垩纪晚期距今约7 500万年的恐龙。重头龙的化石分布在今加拿大阿尔伯塔省地区，与所有的肿头龙科恐龙相似的是，重头龙也拥有较厚的头颅骨，而且它的头颅骨比一般的肿头龙科恐龙的头颅骨还厚一些。重头龙的体形中等，体长大概3米，对于它的分类和命名，某些古生物学家质疑重头龙是否是独立的属，并且已有研究表明它是一个有效的属。

食性：属植食性恐龙，主要食物是树叶和果实等。

化石分布：加拿大阿尔伯塔省。

物种命名者：彼得·加尔东等。

头颅骨：
比其他肿头龙科恐龙的头颅骨更厚些

体形：
中等

后腿：
比前肢长，且比较健壮，支撑着整个身体

| 生存年代：白垩纪晚期 | 体长：约3米 | 体重：未知 | 食性：植食 |

厚鼻龙

Pachyrhinosaurus
科属：刺角龙科、厚鼻龙属

厚鼻龙是一种生活于白垩纪晚期的恐龙。目前已鉴定出三种，分别为加拿大厚鼻龙、拉库斯塔厚鼻龙以及在美国阿拉斯加发现的一种。据推测，厚鼻龙是一种体形较大的恐龙，体长5.5～6米，重约4吨。厚鼻龙头颅骨的鼻部上有大而平坦的隆起物，眼睛上方也有一对小型隆起物。这些隆起物可能是用来抵御敌人的。另外，其头盾后方有一对角，往上方延伸、生长。

生活习性：为了生存和繁殖，厚鼻龙每年都要迁徙。性格温顺，过着群居生活，一起觅食，一起抵御肉食性恐龙的攻击。非常警惕，发现危险的时候会发出叫声来提醒同伴，以便快速应对突发状况。厚鼻龙有数百颗呈凿状的牙齿，它们可以像剪刀般切断植物的叶子。

食性：属植食性恐龙，以坚硬且富含纤维的植物为食。

化石分布：北美洲。

物种命名者：查尔斯·斯腾伯格。

头盾：
头盾后方有一对角，往上方延伸、生长，其头盾、头角形状与大小随个体而不同

物种小知识：厚鼻龙头颅骨的鼻部有隆起物，不同种有不同形状——拉库斯塔厚鼻龙、培罗托姆厚鼻龙的鼻部表面呈凹凸不平状，加拿大厚鼻龙的表面没有凹凸不平；拉库斯塔厚鼻龙的隆起有前端突出，加拿大厚鼻龙的隆起上侧平坦，培罗托姆厚鼻龙的隆起后段有狭窄圆顶。

考古小课堂：1972年，艾尔·拉库斯塔在加拿大阿尔伯塔省烟斗石溪河畔发现大型尸骨层，在1986年到1989年间进行挖掘。古生物学家发现大量密集的骨头，每平方米约有100个。这个地点死亡率较高，原因可能是动物在横越河流的时候遇到洪水。在这群化石中，发现四个年龄层，从幼年个体到完全成长个体。

生存年代：白垩纪晚期	体长：5.5~6米	体重：约4吨	食性：植食

三角龙

Triceratops

科属：角龙科、三角龙属

　　三角龙是一种生活于白垩纪晚期的恐龙。在白垩纪，三角龙是相当繁盛的。三角龙体形大，头上长着 3 只角，其中两只长矛似的角位于眉端，一只短角突起于眼睛和鼻孔之间，并向前突出。两颚的后缘有齿，嘴呈角质的喙。脑后盾牌般的骨质颈盾，对脊颈有相当的保护作用。

头部：
长着 3 只角，其中两只长矛似的角位于眉端，一只短角长在鼻端，并向前突出

嘴巴：
呈角质的喙

生活习性：三角龙用四肢行走，遇敌攻击时，它们可能会头向外地围成一圈，形成极佳的防护圈。

食性：属植食性恐龙，主要食物是树枝、果实等。

化石分布：北美洲。

物种命名者：奥斯尼尔·马什。

物种小知识：加拿大化石公司在加拿

生存年代：白垩纪晚期	体长：7~9 米	体重：5.5~10 吨	食性：植食

脊颈：
脑后盾牌般的骨质颈盾，对脊颈有相当的保护作用

四肢：
用来步行，但前肢比后腿短，四肢末端蹄发达

鼻孔：
鼻孔上面有一只短角

你知道吗？三角龙拥有独特的外形，经常出现在电影以及电视节目中。在儿童读物中，经常会有三角龙和霸王龙打斗的场景，所以这两种恐龙被认为是天敌。在1966年的电影《公元前一百万年》中，三角龙的打斗对象从霸王龙换成角鼻龙，但其实角鼻龙和三角龙生存在不同时期。

大阿尔伯塔省与美国交界的米尔克河周围发现了一副较完整的骨骼化石。经过加拿大古生物学教授迈克尔·瑞安等人多年的研究，最终才把这种恐龙与其他凶猛的植食性恐龙区别开来。新发现的这种恐龙生活在白垩纪时代，被认为是三角龙的祖先，也是角龙亚科在北美最早的成员。特别是其头骨后有一个巨大的头盾，边缘有好几个钩角。瑞安认为，这可能并不是用来防御掠食者的，而是用来吸引配偶的。

无鼻角龙

Arrhinoceratops
科属：角龙科、无鼻角龙属

头盾：
有两个开口，呈椭圆形

　　无鼻角龙是一种生活于白垩纪晚期的恐龙，它的名字含义是"无鼻有角的面"，因为最初人们认为它是没有鼻角的，但是后来却发现它是有鼻角的，只是较短而已。无鼻角龙的化石被发现于加拿大。它的体形较大，体长 6~8 米，头颅骨有着宽阔的颈部头盾，头盾上有两个开口，呈椭圆形。它的额角长度中等，鼻角短小钝重。无鼻角龙的嘴和鹦鹉相似，呈喙状，比较锋利，可以剪切坚硬的树枝辅助进食。据推测，无鼻角龙和三角龙似乎是近亲，主要生活在今北美洲和亚洲地区，在白垩纪晚期灭绝。

食性：属植食性恐龙，主要食物和其他角龙类恐龙相似，是一些针叶、树枝等植物。

化石分布：加拿大阿尔伯塔省，以及亚洲。

物种命名者：威廉·帕克斯。

考古小课堂：无鼻角龙的化石是个部分被压碎的头颅骨，是 1923 年由多伦多大学的挖掘团队在加拿大阿尔伯塔省发现的，当地属于马蹄铁峡谷组。在 1925 年被发表、命名。只有一个种，称为小脸无鼻角龙。

额角：
长度中等

嘴巴：
嘴和鹦鹉相似，呈喙状，比较锋利，可以剪切坚硬的树枝辅助进食

生存年代：白垩纪晚期	体长：6~8 米	体重：未知	食性：植食

爱氏角龙

Avaceratops

科属：角龙科、爱氏角龙属

皮肤：
厚实

鼻角：
向前弯曲

爱氏角龙又名野牛龙，是一种生活于白垩纪晚期，距今约 7 500 万年的恐龙。同期的恐龙包括奔山龙、亚冠龙、埃德蒙顿甲龙、斑比盗龙、河神龙等。爱氏角龙是一种体形中等的恐龙，它的鼻角向前弯曲，额角呈低圆形，在较小型的头盾顶端有一对大的尖角伸向背部。

生活习性： 可能是群居性恐龙，生活于温暖半干燥的环境中。嘴类似鹦鹉喙，可以剪切树枝以辅助进食。

食性： 属植食性恐龙，主要食低矮植物。

化石分布： 北美洲、亚洲。

物种命名者： 彼得·达德森。

考古小课堂： 爱氏角龙所有已知的化石目前都存放在加拿大洛基山博物馆。已发现至少 15 个不同年龄的化石，包含三个头颅骨，还有在两个低密度尸骨层的上百件骨头。这些都是由杰克·霍纳在 1985 年发现的，并由洛基山博物馆在 4 年间陆续挖出。

头盾：
顶端有一对大的
尖角伸向背部

尾巴：
粗壮，坚实

生存年代：白垩纪晚期	体长：约 4 米	体重：约 1 吨	食性：植食

棘甲龙

Acanthopholis horridus

科属：结节龙科、棘甲龙属

身体：宽厚，健壮

头部：较大

棘甲龙是一种生活于白垩纪中期的恐龙。它的化石是在英国被发现的，包括部分脑壳和一些颅下骨。据推测，棘甲龙体形中等，长 3~5 米，体重不到 400 千克。它有比较锋利的喙状嘴，头部上方有几个尖刺的角，在它的皮肤上还覆盖着一层鳞片，在颈部、肩膀有尖刺延伸出，沿着脊椎排列，起到保护和防御的作用。棘甲龙是四足行走的恐龙，它的四肢都比较短，但是粗壮有力。

食性： 属植食性恐龙，它的主要食物是一些低矮的植物。

化石分布： 英国。

物种命名者： 托马斯·亨利·赫胥黎。

你知道吗？ 棘甲龙名字由它的装甲而来，在古希腊文里意为"有棘的鳞片"。装甲由椭圆形甲片组成，在颈部、肩膀和沿脊椎位置都有棘伸出。

生存年代：白垩纪中期	体长：3~5 米	体重：约 400 千克	食性：植食

美甲龙

Saichania

科属：甲龙科、美甲龙属

体形：大而笨重，头顶和身上具有长尖刺

四肢：短小而粗壮有力

美甲龙又名赛查龙。美甲龙的化石被发现于蒙古南部的巴鲁恩戈约特组，生存年代为白垩纪晚期。其模式标本包含一个头颅骨、颈椎、背椎、肩带、前肢以及某些装甲。美甲龙是一种强壮的具有重甲的恐龙，大脑袋上面长满骨质脊突，身体两侧长着尖刺，整个背部由成排的甲片突起保护着。它的尾巴末端呈骨棒状，可以左右晃动防范袭击者。头骨具有复杂的鼻管以及骨质的次生颚，这显示它生存于热而潮湿的环境。

食性： 属植食性恐龙。

化石分布： 蒙古南部的巴鲁恩戈约特组。

物种命名者： 特蕾莎·玛利亚斯卡。

生存年代：白垩纪晚期	体长：6.6~7 米	体重：约 2 吨	食性：植食

钉状龙

Kentrosaurus

科属：剑龙科、钉状龙属

钉状龙是一种生活于侏罗纪晚期的恐龙。钉状龙体形不大，体长5米左右，重约1.5吨。钉状龙最突出的特征是它们的肩膀、臀部、后背乃至尾巴都分布着尖刺，前部的刺较宽，中部向后的刺窄而尖。嘴部有小型颊齿，齿冠不对称。前肢较短，后腿长而粗壮，脚部有蹄状趾爪，股骨的长度与腿的其他部分相比，显示它们是种行走缓慢的恐龙。

身体：
肩膀、臀部、后背乃至尾巴都分布着尖刺

食性：属植食性恐龙，主要食物可能是蕨类与低矮植物。

化石分布：坦桑尼亚。

物种命名者：艾德温·赫宁。

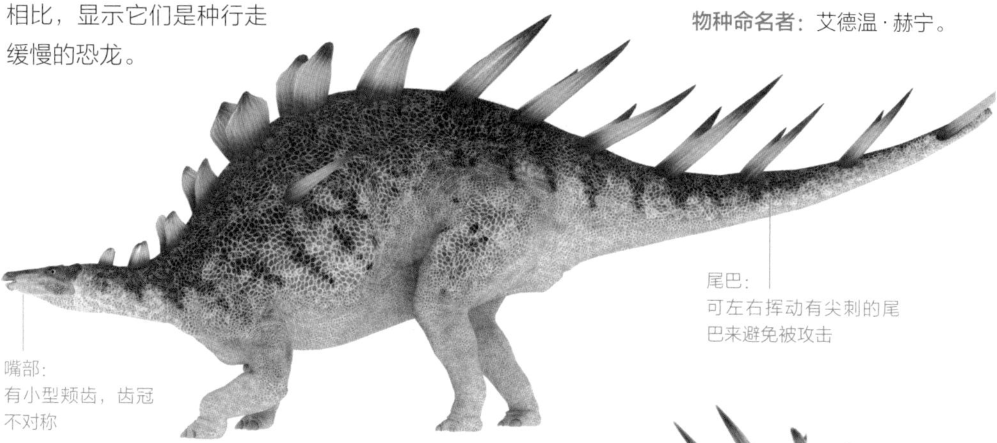

嘴部：
有小型颊齿，齿冠不对称

尾巴：
可左右挥动有尖刺的尾巴来避免被攻击

生活习性：因为其后腿的长度为前肢的两倍，所以钉状龙可能是用后腿直立起来以食树叶、树枝的，正常情况下钉状龙是完全四足状态。颊齿较独特，呈铲状，牙齿边缘只有七个小齿突起。钉状龙善于寻找食物，即便是干旱的季节，它们也有办法找到湿润土壤中的植物。

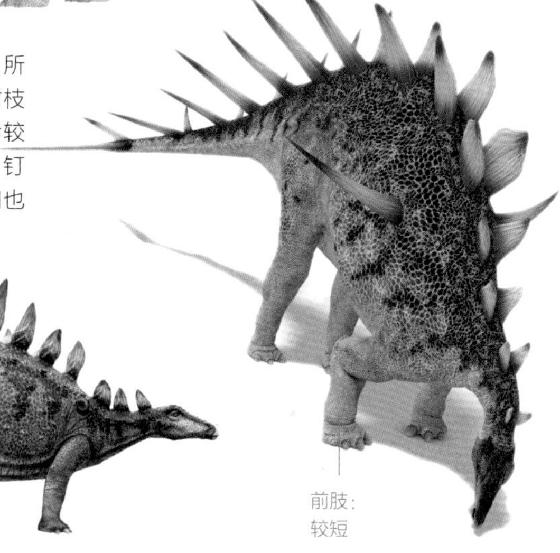

后腿：
长而粗壮，脚部有蹄状趾爪

前肢：
较短

生存年代：侏罗纪晚期	体长：约5米	体重：约1.5吨	食性：植食

戟龙

Styracosaurus
科属：角龙科、戟龙属

戟龙是一种生活于白垩纪晚期 7 650 万至 7 500 万年前的恐龙。戟龙的体形比较大，最突出的特征就是头颅比较大，头盾延伸出 4 个或 6 个长角，两颊各有一个较小的角，从鼻部也延伸出一个角。戟龙的最内侧一对角向外弯曲。头盾边缘有许多小型突起，头盾上有大型洞孔。戟龙嘴里没有牙，是类似鹦鹉的喙状嘴，喙很锐利，可以剪切坚硬的树枝辅助进食。另外，戟龙的肩膀比较健壮，脚趾有被角质包裹的蹄状爪，臀部有荐椎，尾巴特别短小。

头盾：
边缘有许多小型突起，头盾上有大型洞孔

鼻部：
从鼻部延伸出一个角

生活习性：在加拿大阿尔伯塔省恐龙公园组发现了戟龙的尸骨层，证据显示当时这里是季节性干旱或半干旱环境，这表明戟龙可能是非群居动物，仅在干旱时期聚集在水坑附近。它们可能用头角或喙状嘴来撞倒较高的植物，用狭窄的喙状嘴抓取、拉扯食物。

脚趾：
有被角质包裹的蹄状爪

生存年代：白垩纪晚期	体长：约 5 米	体重：约 3 吨	食性：植食

食性：属植食性恐龙，主要食物是低处的植被或者较低处的树枝、针叶等植物。

化石分布：美国、加拿大。

物种命名者：劳伦斯·赖博。

趣味小课堂：戟龙的盾状饰物周围有 4 个或 6 个长角，这构成了巨大的颈盾。颈盾通常在雄性身

上长得壮观且美丽，但在雌性身上并不发达，所以有专家推测其作用主要是吸引异性的注意。因为颈盾看起来像古代兵器中的戟，"戟龙"的属名由此而来。

你知道吗？ 戟龙性格温顺，但敢于和肉食性恐龙对战，甚至还敢于反击霸王龙。颈盾周围的尖刺可以有效保护颈部。其鼻角坚硬，极具威慑力，所以它们很多时候不参战，只晃晃尖角就可以吓退多数进攻者。

尾巴：
较粗短

肩膀：
比较健壮

两颊：
各有一个较小的角

头颅：
较大，头盾延伸出 4 个或 6 个长角

173

安德萨角龙

Udanoceratops
科属：角龙科、安德萨角龙属

　　安德萨角龙又名峨丹角龙，是一种生活
于白垩纪晚期 8 350 万至 7 060 万
年前的恐龙。安德萨角
龙是一种体形中等的恐
龙，它的化石被发现于蒙古，化
石包含一块近乎完整的头颅骨，这个头颅骨
长 60 厘米，形状比较大，且保存良好。据化
石推测，它的头颅骨有着很小的角和头盾。另
外，安德萨角龙拥有和其他角龙类恐龙相似
的喙状嘴，非常锐利，可以咬食树叶、树枝等
辅助进食。

嘴：
喙状嘴，非常
可以咬食树叶
等以辅助进食

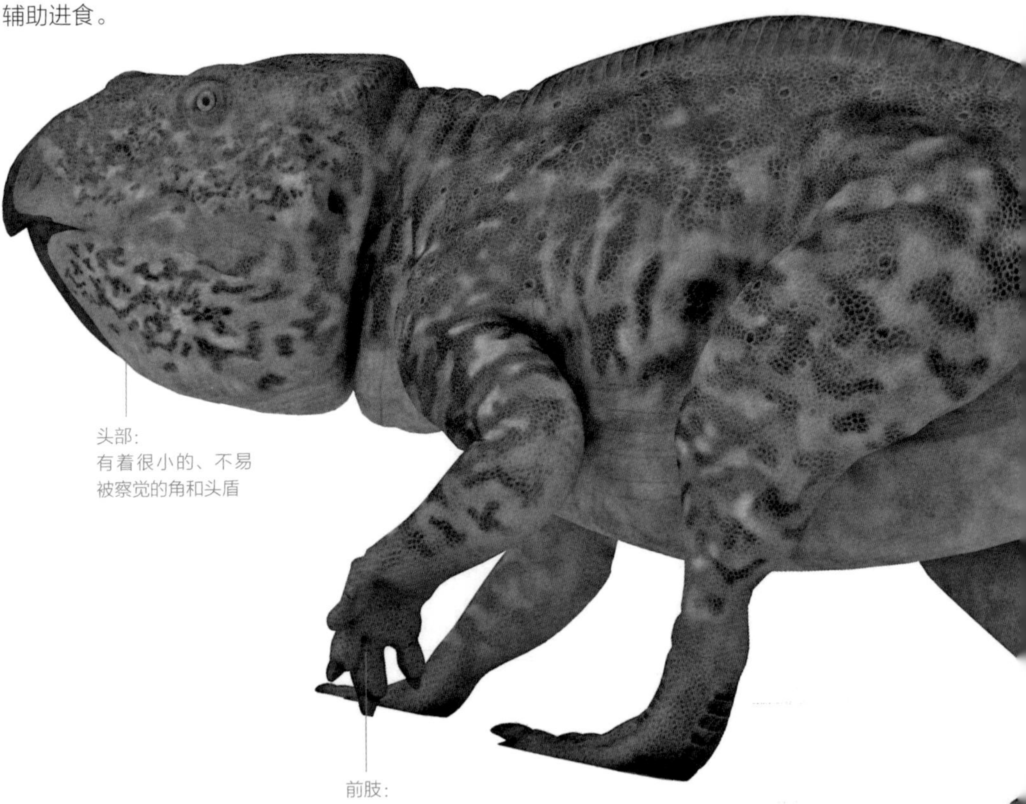

头部：
有着很小的、不易
被察觉的角和头盾

前肢：
较粗壮，前掌有五爪，
第二爪和第三爪较尖

| 生存年代：白垩纪晚期 | 体长：约 4.5 米 | 体重：未知 | 食性：植食 |

体形：
中等，肌肉发达

后腿：
强健，脚掌有三趾

食性： 属植食性恐龙，主要食物是
蕨类植物。

化石分布： 蒙古。

物种命名者： 库尔扎诺夫。

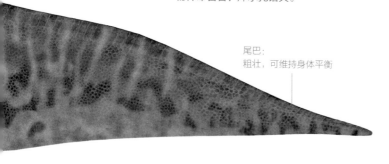

尾巴：
粗壮，可维持身体平衡

背部：
中线明显，延伸至尾端

雪松甲龙

Cedarpelta
科属：甲龙科、雪松甲龙属

尾巴：
尾外侧有滑车
形的骨突

雪松甲龙是一种生活于白垩纪的恐龙。其头颅骨化石在北美洲被发现，这个头颅骨缺少了被认为是甲龙科的祖征的头盖装饰物。它的模式种是圣经雪松甲龙。已发现的两个头颅骨，长度约为60厘米，其中一个头颅骨是非自然状态的。这是古生物学家第一次研究的甲龙科头骨。雪松甲龙翼骨延长，尾外侧有滑车形的骨突，状牙

四肢：
短小粗壮

齿，拥有笔直的坐骨。

食性： 属植食性恐龙。

化石分布： 北美洲。

物种命名者： 苏安比尔贝。

你知道吗？ 雪松甲龙意为"雪松山的装甲"，以发现化石的雪松山

组为名，被认为与中国的戈壁龙及蒙古的沙漠龙有着极近的亲缘关系，它们都被分类在甲龙科中。近年来又有研究指出，雪松甲龙是结节龙科的最原始物种，是林木龙的最近亲。

生存年代：白垩纪早期	体长：约5米	体重：未知	食性：植食

华阳龙

Huayangosaurus
科属：华阳龙科、华阳龙属

身体：
从脖子、背部到
尾巴中部排列着
两排心形的剑板

华阳龙是一种生活于侏罗纪中期的原始类剑龙。华阳龙体形中等，突出的特征是从脖子、背部到尾巴中部排列着左右对称的两排心形的剑板，以及在肩膀、腰部以及尾巴尖上长出的长刺。

尾巴：
有长刺

生活习性： 当华阳龙遇到外界攻击时，会用它的长刺攻击敌人，并用尾巴上的刺抽打敌人，这些是华阳龙抵御外界攻击的武器。当华阳龙在进食的时候，幼仔很可能会被气龙等捕食者盯上，但是只要幼龙紧紧跟在父母身边，捕食者不会轻易发动进攻。所以父母保护幼龙的行为对华阳龙来说是很必要的。

食性： 属植食性恐龙，啃食地面附近的低矮植物。

化石分布： 中国四川省。

物种命名者： 不详。

四肢：
粗壮结实

生存年代：侏罗纪中期	体长：约4米	体重：1~4吨	食性：植食

蜥结龙

Sauropelta
科属：结节龙科、蜥结龙属

蜥结龙又叫楯甲龙、蜥肋螈，生活于白垩纪，是结节龙科中最早出现的，也是最原始的成员。它具有肩部骨板，在肩膀、背部、尾巴上覆盖着角质外层的骨锥，其间还点缀着结瘤。蜥结龙前肢短于后腿，使得背部呈弓状，最高处位于臀部。尾巴逐渐变细没有尾结，而且很长，几乎占了身体长度的一半。

体形：
较大，不擅长奔跑

髋臼：
拥有无孔的髋臼

尾巴：
相当长，逐渐变细，没有尾结

肩胛骨：
有明显的肩峰

头部：
头顶平坦，而非圆顶状

四肢：
前肢短于后腿，四肢结实，可支撑巨大的身体

物种命名者：巴纳姆·布郎。

物种小知识：蜥结龙意为"蜥蜴甲盾"，尾巴相当长，曾在一个化石上发现了40节尾椎，而且某些尾椎还被遗失了。它的头颅骨呈三角形，被平坦的骨质骨板覆盖，并且因为被这些骨板牢牢地固定，所以没有其他甲龙类那样的颅缝。

生活习性：蜥结龙的体形较大，不善于奔跑，不过它身上的轻型装甲、从头颅到尾尖一列锯齿般的背脊以及整个背部的多排平行骨突为它提供了保护。在遇到外界袭击时，它会立即蜷起身体，使骨甲朝外，形成一个刺球。有经验的肉食性恐龙见此状就会知道自己无法得手，而去寻找新的目标。

栖息环境：蜥结龙生存在河畔的泛滥平原。

食性：属植食性恐龙，进食时习惯于用喙状嘴去切取低处的植物。

化石分布：美国蒙大拿州、怀俄明州。

生存年代：白垩纪早期	体长：约5米	体重：约1.5吨	食性：植食

五角龙

Pentaceratops
科属：角龙科、五角龙属

颈部：
中空的颈部盾板，褶边十分巨大，边缘上有三角形的骨突

背部：
中线明显，有鳞片

眼睛：
下方有尖刺

　　五角龙是一种生活于白垩纪晚期 7 500 万至 7 300 万年前的恐龙。五角龙的体形巨大，体长约 8 米，体重超过 5 吨。五角龙名字含义是"五根角的面孔"，由此可以看出它最突出的特征就是它的五根角，除了两根额角与一根鼻角以外，还有眼睛下侧的尖刺。五角龙的化石被发现于美国新墨西哥州的圣胡安盆地，因拥有陆地脊椎动物中最大型的头颅骨而著名，头颅骨上面还有两个比较大的洞孔。据化石推测，它同时期的恐龙有倾头龙、副栉龙、结节头龙等。

生存年代：白垩纪晚期	体长：约 8 米	体重：约 5.5 吨	食性：植食

生活习性： 五角龙群居生活，经常一起觅食和散步，遇到敌人时会一起抵御。可能会用锐利的喙状嘴咬下树叶来吃。尾巴比较短，末端很尖，这样的尾巴非常有个性，但是没有多大平衡作用。幸好它后肢宽阔，脚上有蹄状爪，这样走路才不会左右摇晃。

体形：
整个身体结构结实，体形较大

额角：
有两根额角

尾巴：
短粗，末端很尖

四肢：
健壮，都有掌状脚趾

考古小课堂： 五角龙的第一个化石由查尔斯·斯腾伯格发现于新墨西哥州的圣胡安盆地，1923 年被叙述及命名，种名取为 sternbergii，以纪念斯腾伯格。1930 年，卡尔·维曼叙述了第二个种，孔五角龙，但后来发现和斯氏五角龙是同一种动物。

鼻角：
有一根鼻角

食性： 属植食性恐龙。

化石分布： 北美洲。

物种命名者： 亨利·费尔费尔德·奥斯本。

祖尼角龙

Zuniceratops

科属：角龙科、祖尼角龙属

祖尼角龙是一种生活于白垩纪晚期的恐龙。祖尼角龙比角龙科恐龙出现早一些，可能是角龙科的祖先。它的体形中等，化石被发现于新墨西哥州，目前已经发现一个头颅骨，以及来自数个个体的骨头。最近，其中一个被认为是鳞骨的骨头，可能来自懒爪龙的坐骨。

食性： 属植食性恐龙。

化石分布： 美国。

物种命名者： 道格拉斯·G. 沃尔夫。

物种小知识： 祖尼角龙意为"来自祖尼部落的有角面孔"，是已知最早有额角的角龙类恐龙，也是已知最古老的北美洲角龙类恐龙。

头盾：
头后的头盾可能是多孔的，但缺乏颈盾缘骨突。这些角状物被认为依年龄增长而增大

尾巴：
坚实，末端尖细

生存年代：白垩纪晚期	体长：约3米	体重：约600千克	食性：植食

你知道吗？祖尼角龙的第一个标本是单排牙齿，但较晚发现的化石有两排牙齿。由此证明牙齿是随年龄变化而变成双排的。祖尼角龙还可能是一种群居性恐龙。

考古小课堂：1996 年，古生物学家在祖尼盘地发现头角化骨，为北美最早期的有角恐龙，也是最古老的额上生角的恐龙。在那时，地球暖化，两极冰雪融化，海平面升高，地球表面干燥地减少。这段时期为"白垩纪空隙"，人们对这段时期内的生物一无所知，而祖尼角龙在 9 100 万年前的北美出没，因此属于"白垩纪空隙"的生物。这对于恐龙研究意义重大，古生物学家贺尔兹说："这个发现有助于我们了解一个我们所知甚少的时代。"

体形：
体形中等

开角龙

Chasmosaurus

科属：角龙科、开角龙属

头盾：
大而长，颜色鲜艳，呈心形，头盾结构中央包含两块大洞孔

开角龙，又名加斯莫龙、隙龙、裂头龙、裂角龙，生活于白垩纪晚期。开角龙是一种体形中等的恐龙，有研究者发现开角龙的皮肤上有很多骨质的结节。开角龙的头盾大而长，呈心形，头盾结构中央包含两块大洞孔。有些开角龙的头盾上有一些小型的颈盾缘骨突，自头盾边缘延伸出来。

皮肤：
皮肤上有很多骨质的结节

生活习性：开角龙一般集群活动，当遇到像霸王龙这样的肉食性恐龙攻击时，雄性开角龙会围成一圈，头盾向外，把雌性、未成年以及年老的开角龙保护起来，形成强大的阵势。这种情况下，即使是霸王龙也不敢贸然进攻。据推测，开角龙会持续进食，可能会用一整天的时间吃东西。只有这样才有足够的能量来满足自身需求。

化石分布：北美洲。

食性：属植食性恐龙，食量比较大。

物种命名者：劳伦斯·赖博。

物种小知识：贝氏开角龙的骨架现在皇家安大略博物馆。角龙科有两个亚科：一是有短小头盾的尖角龙亚科，如尖角龙；二是有长头盾的开角龙亚科，如开角龙。除了头盾较大外，开角龙亚科的面部和嘴部较长，这显示它在进食时对食物有一些选择性。

趣味小课堂：开角龙的外观和三角龙很相似，但体形较小，拥有比三角龙更加华丽、夸张的颈部盾板，但是这些盾板是中空的，所以科学家推测其盾板不够坚固，主要是用来吓退敌人或用来求偶。

| 生存年代：白垩纪晚期 | 体长：约5米 | 体重：约4吨 | 食性：植食 |

厚甲龙

Struthiosaurus
科属：结节龙科、厚甲龙属

背部：
骨质脊突覆盖着背部

四肢：
前肢比较短，后腿
比前肢长一些

厚甲龙是一种生活于白垩纪晚期的恐龙。它的化石被发现于欧洲，包括一些头骨、颅骨、甲片和一些碎片。颈椎四周有坚硬的护甲片，小骨质脊突覆盖着背部和尾部，身体两侧有尖刺保护着。厚甲龙是四足行走的恐龙，它的前肢比较短，后腿比前肢长一些。厚甲龙比大部分具有重甲的恐龙体形小，但身上同时具有几种不同的护甲。

食性： 属植食性恐龙，它的主要食物是一些低矮的树枝、树叶等植物。

化石分布： 奥地利、法国、匈牙利。

物种命名者： 不详。

物种小知识： 目前古生物学家只承认厚甲龙的三个种：奥地利厚甲龙、特兰西瓦尼亚厚甲龙、朗格多克厚甲龙。根据化石推测，厚甲龙的体形并不大，最突出的特征是它身上的护甲。

生存年代：白垩纪晚期	体长：2~4 米	体重：未知	食性：植食

加斯顿龙

Gastonia
科属：甲龙科、加斯顿龙属

加斯顿龙是一种生活于白垩纪早期距今约 1.25 亿年的恐龙。据推测，加斯顿龙体形中等，它的身上有大量的尖刺，头部有 4 个角，角质喙后面有细小的牙齿，颈部有骨质圆

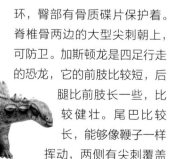

皮肤：
有大量的尖刺

喙状嘴：
角质喙后面有
细小的牙齿

环，臀部有骨质碟片保护着。脊椎骨两边的大型尖刺朝上，可防卫。加斯顿龙是四足行走的恐龙，它的前肢比较短，后腿比前肢长一些，比较健壮。尾巴比较长，能够像鞭子一样挥动，两侧有尖刺覆盖

着，作为防御的武器。

食性： 属植食性恐龙。

化石分布： 美国犹他州。

物种命名者： 詹姆士·柯克兰。

你知道吗？ 加斯顿龙的外形看上去像一座活碉堡，成排地覆盖着巨大棘刺，肩膀上还有尖刺。它的头部呈圆盔状，很厚，可以很好地保护头部。

生存年代：白垩纪早期	体长：4~5 米	体重：约 1 吨	食性：植食

甲龙

Ankylosaurus
科属：甲龙科、甲龙属

脸部：
有几个尖刺，可能是
用来防御和搏斗的

　　甲龙是一种生活于白垩纪晚
期 7 400 万至 6 700 万年前的
恐龙，皮肤厚实，上面覆盖
着一排排的尖刺和骨质鳞
片。在甲龙的面部旁有几个
尖刺，可能是用来防御和搏斗的。甲龙有角
质喙，喙里没有牙齿。它是四足行走的恐龙，
前肢比后腿短一些，但是四肢都很粗壮。另
外，甲龙的尾巴由骨质肌腱支撑着，向后直
挺，末端有一个球状的骨质尾锤，当尾锤甩
动的时候，可以给敌人很大的打击。

皮肤：
厚实，上面覆盖着
一排排的尖刺和骨
质鳞片

| 生存年代：白垩纪晚期 | 体长：7~10 米 | 体重：4~7 吨 | 食性：植食 |

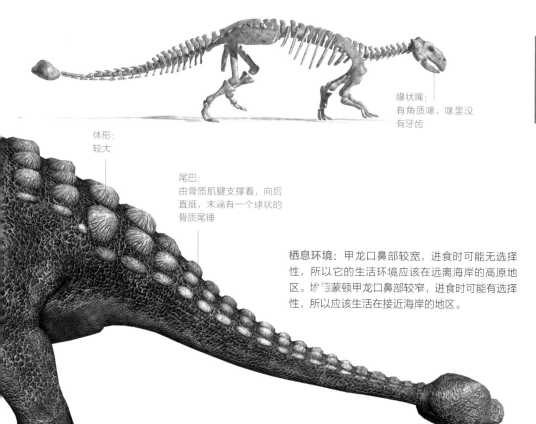

喙状嘴：
有角质喙，喙里没
有牙齿

体形：
较大

尾巴：
由骨质肌腱支撑着，向后
直挺，末端有一个球状的
骨质尾锤

栖息环境：甲龙口鼻部较宽，进食时可能无选择
性，所以它的生活环境应该在远离海岸的高原地
区。埃德蒙顿甲龙口鼻部较窄，进食时可能有选择
性，所以应该生活在接近海岸的地区。

趣味小课堂：甲龙面部长着骨头甲壳，可以以此
来躲避捕食者，但带着这层护甲会很热。新的研
究表明，甲龙进化出有血管的鼻腔，这些血管可
以帮助控制热量。研究人员推测，甲龙可能会把
吸入的空气温度调至 20°C，从而可以在体内生成
较凉的血液，并输送到脑部，避免脑部过热。

你知道吗？甲龙的尾巴棒槌由几块甲板组成，和
最末几节脊骨结合。
尾巴棒槌是武器，
可以在遇到袭击的
时候重击施袭者的
骨头。尾槌攻击力并
不大，大型甲龙的尾槌可以
击伤中小型肉食性恐龙，但绝不会
对巨型肉食性恐龙造成打击。若是甲
龙用尾槌攻击大型对手，脆弱的连接处
很可能会先折断。

食性：属大型植食性恐龙，每天需要吃很多食物
来支撑所需。

化石分布：玻利维亚、美国、墨西哥。

物种命名者：巴努姆·布朗。

平头龙

Homealocephale
科属：肿头龙科、平头龙属

平头龙最突出的
特点就是它那宽而厚
的头骨。当然，它又宽又厚
的头骨具有很大的作用，在平头龙的世界里，当
两只雄性平头龙争夺食物或利益时，就
会使用这个"杀手锏"，利用头部相撞，
来决定出胜负。

生活习性： 平头龙有强健的脊椎和较长的后肢，所
以它们奔跑或者争斗都像配备了一个减震器，能够
更好地保持平衡。与其他恐龙不同的是，平头龙具
有很宽的骨盆，针对这一点，科学家们猜测，平头
龙可能会产仔，而不是像其他恐龙一样是生蛋的。
在交配的季节，雄性平头龙之间会用头互相顶撞，
来决出强者。

头部：
头骨宽且厚，颅骨
顶部厚实、粗糙

骨盆：
很宽

食性：属植食性恐龙。
化石分布：蒙古。
物种命名者：不详。

生存年代：白垩纪晚期	体长：约 3 米	体重：未知	食性：植食

膨头龙

Tylocephale
科属：肿头龙科、膨头龙属

膨头龙生活于白垩纪晚期坎帕
阶，距今约 7 500 万年。模式种为吉
氏膨头龙。据推测，其体形并不是很大，
体长约 1.4 米，是一种小型植食性恐龙。
膨头龙的化石并不完整，只有一些头骨。
在已知的资料中，膨头龙的头拱属于肿头
龙科中头拱最高的，此发现对于恐龙考古
学家有着重要的考古作用。

食性： 属植食性恐龙，主要吃树叶、果实等。
化石分布： 蒙古。
物种命名者： 玛利亚斯卡、奥斯莫斯卡。

四肢：
前肢短小，
后腿粗壮

体形：
较小

生存年代：白垩纪晚期	体长：约 1.4 米	体重：未知	食性：植食

皖南龙

Wannanosaurus
科属：肿头龙科、皖南龙属

体形：
较小

眼部：
具有一个很大
的眼前眶开孔

皖南龙是一种生活于白垩纪晚期的恐龙，体形较小，具有一个很大的眼前眶开孔及完整的扁平头顶，前顶骨部分很厚，在头顶骨外表饰以小而密的骨质棘刺。1967年，中国科学院古脊椎动物研究所在安徽南部西山盆地挖掘到它的标本，总计发掘到部分的头骨、完整的颌骨、部分头骨后部残骸。1977年，它被命名为岩寺皖南龙。

生活习性：现在大部分恐龙专家认为皖南龙是成群生活的，整个族群的首领是少数雄性。为了争取首领地位以及争宠雌龙，必须彼此争斗。

食性：属植食性恐龙，以靠近地面的植物为食，也有可能是杂食性恐龙。

化石分布：中国安徽南部。

物种命名者：中国科学院古脊椎动物研究所。

尾巴：
长且粗壮

头部：
上有许多骨质棘刺

生存年代：白垩纪晚期	体长：约2米	体重：未知	食性：植食

剑龙

Stegosaurus
科属：剑龙科、剑龙属

　　剑龙是一种生活于侏罗纪晚期 1.55 亿至 1.45 亿年前的恐龙。剑龙是一种著名的恐龙，也是侏罗纪时期数量众多的恐龙。剑龙最突出的特征是其背脊上分布的大型骨质板片以及尾部的钉状脊，可能是用来防御掠食者攻击的。头颅非常小，脑部也特别小，这显示剑龙可能并不聪明。剑龙长着尖喙，喙里没有牙齿，但嘴里的两侧有些小牙，呈三角形，这些牙齿的研磨作用不大。此外，牙齿在下颌的排列方式，显示出剑龙拥有突出的脸颊。剑龙的臀部位高而肩部低平。前肢短，后腿较长，四肢皆由位于脚趾后方的脚掌支撑。后脚比前脚更大也更强壮。据推测，剑龙是四足行走的植食性恐龙，主要食物是较低的树叶、果实等。

头部：
头颅非常小，脑部也特别小，这显示剑龙可能并不聪明

生活习性：剑龙生活在平原上，以群体生活，有化石显示它们和其他植食性恐龙（如梁龙）一同生活。牙齿缺乏咀嚼能力，所以它们会吞下胃石，来帮助肠胃消化食物。

食性：属植食性恐龙，吃苔藓、蕨类、苏铁、松柏和一些果实。

化石分布：亚洲、欧洲、北美洲、非洲。

物种命名者：奥斯尼尔·查尔斯·马什。

| 生存年代：侏罗纪晚期 | 体长：7~9 米 | 体重：2~4 吨 | 食性：植食 |

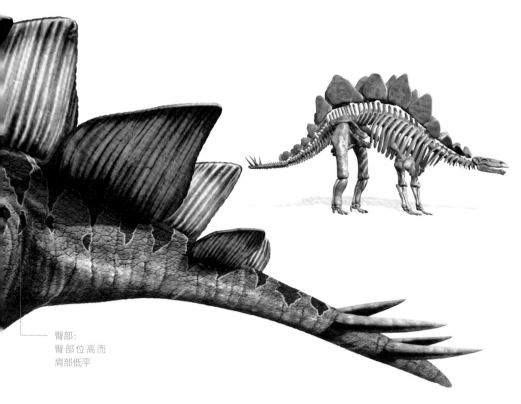

臀部：
臀部位高而
肩部低平

趣味小课堂：古生物学家猜测，剑龙可能有两个大脑：一个为主脑，在它们小小的脑袋里；另一个为副脑，在它们的臀部，用来控制身体的后半部分。两个大脑相互配合，使得剑龙可以适应复杂的生存环境。

你知道吗？剑龙是最被大众熟知的恐龙之一，在1982年剑龙成为美国的科罗拉多州的"州恐龙"。剑龙曾出现在很多电影当中，并会与大型肉食性恐龙发生打斗。

喙状嘴：
长着尖喙，嘴里的两侧有些小牙，呈三角形，这些牙齿的研磨作用不大

四肢：
前肢短，后腿较长，四肢皆由位于脚趾后方的脚掌支撑，后脚比前脚更大更强壮

肿头龙

Pachycephalosaurus
科属：肿头龙科、肿头龙属

头部：
头顶肿大，好像长
着一个巨瘤

牙齿：
小而锐利

前肢：
较短

肿头龙是一种生活在白垩纪晚期
的恐龙，它最主要的特点是头顶上的骨
骼异常肿厚。肿头龙头部周围和鼻子
尖上都布满了骨质小瘤，有的头部后
方有一些锐利的刺。肿头龙的牙齿小
而锐利，这决定了它没有办法吃大型动物。肿头龙的
头颅被 20 多厘米厚的骨板覆盖。在肿头龙的颅骨后
面有一个突出的骨质棚，厚度约 25 厘米。肿头龙的
颈部比较短，但是比较厚实。肿头龙的前肢短，后腿
比较长，相对于其他大型恐龙而言，肿头龙的身躯并
不太大。它的尾巴由肌腱固定，十分沉重。

生存年代：白垩纪晚期	体长：4.5~5 米	体重：1.5~2 吨	食性：杂食

尾巴：
由肌腱固定着尾巴，
十分沉重

生活习性： 肿头龙可能群体生活，有敏锐的嗅觉和视觉，发现敌人的时候会快速逃离。牙齿锐利，呈锯齿状，可以有效率地切割植物。尾巴后部有一簇骨状的腱，这能够使尾巴保持僵硬。

你知道吗？
1 亿至 6600 万年前的白垩纪晚期，恐龙王国已经到了黄昏期。但在这临近结尾的时候，恐龙又演化出了很多奇特的类群，这些新出场的恐龙把恐龙世界的最后一幕变得分外辉煌。肿头龙类就是其中独特的一群，它们和其他恐龙类群最大的不同就是头顶上肿大的骨骼。

食性： 属杂食性恐龙，既会吃一些小型的动物，又会吃树叶、果实等食物。

化石分布： 加拿大，以及美国蒙大拿州、南达科他州、怀俄明州。

物种命名者： 艾里克·施莱克、巴纳姆·布朗。

头颅骨：
顶部出奇的肿厚、
隆起

脸部：
饰以角质或骨质突起
的棘状物或肿瘤

趣味小课堂： 科学家们推测成年雄性之间通过撞头来决定群体的领袖，繁殖季节，也可能通过这种方式来决出胜负，获胜的一方和雌性个体进行交配。

后腿：
较长，两足行走

嘉陵龙

Chialingosaurus

科属：剑龙科、嘉陵龙属

背部：
有突起的长刺

尾巴：
很长，附着有规
则的叉状物

体形：
中等，并不笨重

嘉陵龙是一种生活于侏罗纪中期距今约 1.6 亿年的恐龙，它是最早的剑龙科恐龙之一。嘉陵龙的体形中等，并不笨重，与其他剑龙科恐龙相比，它的体形算是比较小的。嘉陵龙的化石是 1957 年在浙江衢县（今衢州市衢江区）被发现的，化石并不完整，包含部分头颅骨。

食性：属植食性恐龙，主要食物是蕨类及苏铁科植物。

化石分布：中国四川省。

物种命名者：杨钟健。

物种小知识：嘉陵龙的名字是取自于中国南部的嘉陵江，1957 年发现的化石虽然非常不完整，但

杨钟健仍在两年后将其命名。有研究者认为嘉陵龙是剑龙的早期祖先，这一说法未得到证实。1978 年，重庆市博物馆的赵喜进补充了原有的化石。

生存年代：侏罗纪中期	体长：约 4 米	体重：约 150 千克	食性：植食

棱背龙

Scelidosaurus

科属：剑龙科、棱背龙属

背部：
鳞片坚硬，可用来
御敌

身体：
沿着颈部、背部长
至尾巴有数排脊状
骨板与骨质结瘤

臀部：
身体最高点在臀部

棱背龙是一种生活于侏罗纪早期的恐龙。棱背龙头部较小，皮肤上覆盖着一排排骨质突起，在这些骨质突起之间又有许多圆形的小鳞片。棱背龙嘴部最前端是窄喙，进食时用窄喙剪下低处食物，颚部上下运动咀嚼食物。身体最高点

在臀部，四脚一样宽，最重要的特征是沿着颈部、背部长至尾巴的数排脊状骨板与骨质结瘤。

生活习性：棱背龙偶尔会直立身体、后腿着地去吃枝叶，但平常是以四脚行走的。背部的鳞片坚硬，可用来抵御。如果肉食性恐龙贸然攻击棱背龙，可能会受伤。

有古生物学家猜测棱背龙可能是两栖类动物，也有古生物学家认为棱背龙生活在陆地上，只是它的化石被冲到了海里。

食性：属植食性恐龙，主要食物是地面的低矮植物。

化石分布：美国亚利桑那州、中国西藏。

物种命名者：不详。

生存年代：侏罗纪早期	体长：3~4 米	体重：约 800 千克	食性：植食

倾头龙

Prenocephale

科属：肿头龙科、倾头龙属

倾头龙是一种生活于白垩纪晚期的恐龙。1974 年在蒙古发现了倾头龙的化石，目前已发现头颅骨以及少数其他小骨头。倾头龙拥有粗短的颈部，前肢较短，后腿较长。尾部具有骨化肌腱，肌腱可以使它们的尾巴保持坚挺，倾头龙依靠尾巴保持身体的平衡。科学家根据倾头龙的前上颌骨牙齿与嘴巴的宽度，推测其在进食上是有选择性的。

食性：大部分古生物学家认为倾头龙是植食性恐龙，主要食物是树叶、果实等；但也有人认为它们是杂食性恐龙，食物除了树叶、果实之外，还会吃昆虫。

化石分布：蒙古。

物种命名者：1974 年被命名，人名不详。

头颅骨：圆而倾斜，上颞孔闭合

尾巴：尾部具有骨化肌腱

后腿：比较长

你知道吗？ 倾头龙的近亲是平头龙，但平头龙头颅骨是平坦的，倾头龙的头颅骨比较圆，像剑角龙那样倾斜。它们的上颞孔闭合。剑角龙有一对沟从前额一直到后颅顶，分隔出颅顶前部，但是倾头龙没有这个特征。倾头龙的尾部有骨化肌腱，能够使尾巴保持僵挺。

生存年代：白垩纪晚期	体长：约 2.4 米	体重：约 130 千克	食性：植食

丽头龙

Ornatotholus

科属：肿头龙科、丽头龙属

丽头龙生活于白垩纪晚期，主要分布在加拿大阿尔伯塔省南部和美国蒙大拿地区，是一种出现很晚的恐龙。它们的个子不大，依靠两足行走。头部长有一块又厚又圆的头盖骨，而且头顶像有装饰物似的，比较华丽。在美国南达科他州发现龙王龙之前，丽头龙是北美洲唯一已知的肿头龙亚目。

食性：属植食性恐龙。

化石分布：美国、加拿大。

物种命名者：高尔顿、休斯。

头顶：像有装饰物一样，比较华丽

体形：个子不大，依靠两足行走

你知道吗？ 丽头龙的头骨在它们刚出生的时候并不是很厚，而是随着身体的逐渐长大而变厚。在丽头龙的世界里，厚厚的头盖骨可能是一种对付敌人的有力武器。

生存年代：白垩纪晚期	体长：约 3 米	体重：未知	食性：植食

纤角龙

Leptoceratops
科属：角龙科、纤角龙属

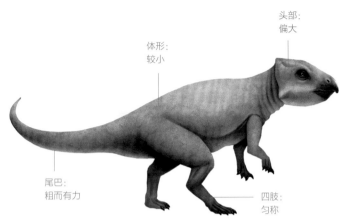

头部：偏大

体形：较小

尾巴：粗而有力

四肢：匀称

纤角龙又名隐角龙，是一种生活于白垩纪晚期6 680万至6 550万年前的恐龙。纤角龙是第一种被叙述的小型角龙类，在1910年被巴纳姆·布郎在加拿大阿尔伯塔省红鹿河谷发现，并于4年后叙述。纤角龙的近亲可能是三角龙。纤角龙体形不大，头颅骨被发现于加拿大阿尔伯塔省、美国怀俄明州。纤角龙可能采用二足方式移动。

化石分布：加拿大阿尔伯塔省。

食性：属植食性恐龙，可能以开花植物、蕨类植物、苏铁等为食。

物种命名者：布朗。

考古小课堂：纤角龙是第一种被叙述的小型角龙类，1910年巴纳姆·布郎在加拿大红鹿河谷发现，4年后叙述，当时发现第一个标本缺部分头颅骨。1947年，查尔斯·斯腾伯格发现了完整的纤角龙化石。1978年，巴纳姆·布郎也发现了纤角龙化石。

生存年代：白垩纪晚期	体长：约2米	体重：70~200千克	食性：植食

乌尔禾龙

Wuerhosaurus
科属：剑龙科、乌尔禾龙属

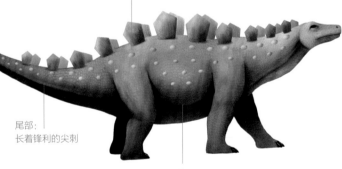

背部：骨板较圆，可能沿着背部长着一系列三角形的甲片

尾部：长着锋利的尖刺

体形：较大，四肢健壮

乌尔禾龙目前有两种：平坦乌尔禾龙和额多乌尔禾龙。化石材料被发现于中国新疆，包括背椎、尾椎、颈椎、四件肋骨、一件不完整的前肢、髋骨以及两件骨板。乌尔禾龙体形较大，身长约6米，背部骨板较圆，似乎沿着背部长着一系列三角形的甲片，在尾部还长着锋利的尖刺，这些尖刺的作用据推测是用来防卫敌人攻击的。为了适应进食，它们的

身体比其他剑龙科恐龙低矮。

栖息环境：乌尔禾龙生活在灌木、丛林之中，性情温和，但如果遇到大型肉食性恐龙袭击，它们也会发怒，并会用钉状脊鞭打敌人。所以很多肉食性恐龙都惧怕乌尔禾龙的尾锤，轻易不会去招惹它们。

食性：属植食性恐龙，主要食物是蕨类植物。

化石分布：中国新疆。

物种命名者：董枝明。

生存年代：白垩纪早期	体长：约6米	体重：约3吨	食性：植食

剑角龙

Stegoceras
科属：肿头龙科、剑龙属

剑角龙虽然名字里含有"角龙"两个字，但是并不属于角龙，而是属于肿头龙类。它的个子不大，依靠两足行走。它的头部长有一块又厚又圆的头盖骨，头盖骨由许多小骨块组成，盖住了它的眼睛和后脖颈。

食性： 属植食性恐龙。

化石分布： 加拿大。

头部：
由许多小骨块组成又厚又圆的头盖骨，呈半圆形，盖住了眼睛和后脖颈

颈部：
较为粗壮

后腿：
较长，且壮实，两足行走

趣味小课堂： 目前大多数科学家认为，肿头龙类用头部侧面来互相碰撞，原因如下：一是头颅的形状会减少撞击的接触面，使撞击时头部偏离。二是肿头龙类的颈椎和前段背椎并非笔直，这样会减少冲撞的力道。三是大多数肿头龙类的头部较宽，能够保护内部的重要器官。

尾巴：
较长，可平衡身体

你知道吗？ 雄性剑角龙的头盖骨要比雌性剑角龙的头盖骨厚一些，大约有 6 厘米。在剑角龙的世界里，厚厚的头盖骨是对付敌人的有力武器，它的撞击力很强，甚至会让一些动物骨折。

前肢：
比后腿短小

物种命名者： 劳伦斯·M. 兰比。

物种小知识： 剑角龙不是角龙，是白垩纪晚期的一种肿头龙。这种恐龙脑子比较大，在"头盖"周围分布一圈骨刺。剑角龙的化石比较完整，经常被当成参考模型。剑角龙首次被发现的时候被认为是伤齿龙近亲。1945 年，剑角龙的头颅骨被发现，科学家发现它们和伤齿龙存在着显著差别，所以此理论被淘汰了。它们的尾巴基部有扩大的腔室，但目前不清楚其功能。

生存年代：白垩纪晚期	体长：约 2.5 米	体重：约 50 千克	食性：植食

敏迷龙

Minmi

科属：结节龙科、敏迷龙属

头部：
头颅骨比较宽，
脑部非常小

四肢：
前肢较短，后腿
较长，四肢稳健

敏迷龙是生活于白垩纪早期距今约 1.14 亿年的结节龙科恐龙，它是南半球发现的第一只甲龙。敏迷龙的头部比较像乌龟，头颅骨比较宽，脑部非常小，颈部比较短。身体的很多部位都披着甲片，背部有瘤状物的鳞甲，腹部覆盖着由很小的盾甲组成的坚甲。敏迷龙是四足恐龙，前肢较短，后腿较长。有垂直的骨板，骨板沿脊椎骨两侧分布。

生活习性： 敏迷龙的前肢和后肢几乎差不多长，四肢着地时，整个背部呈水平状态。敏迷龙有全身的骨甲，但不会主动攻击其他动物。当它们被敌人攻击的时候，一般不会进行反击，而是选择躲起来，进行消极抵抗。尽管它们通常不正面迎敌，但其身上的坚甲还是会让不少肉食性恐龙望而却步。

食性： 属植食性恐龙，吃蕨类植物。

化石分布： 澳大利亚。

物种命名者： 拉尔夫·摩尔那。

背部：
有瘤状物的鳞甲

尾巴：
坚实有力

生存年代：白垩纪早期	体长：约 3 米	体重：约 2 吨	食性：植食